农业农村部"十四五"规划教

（编号：NY-2-0060）

宠物造型 设计与修剪

王　欣　王艳立　主　编

田长永　主　审

化学工业出版社

·北京·

内容简介

　　《宠物造型设计与修剪》入选首批农业农村部"十四五"规划教材，以培养宠物美容岗位胜任能力为目标，参照国内一线城市企业工作流程与操作规范，融入团体标准《宠物美容与护理职业技能评价规范》与地方标准《宠物美容职业技能等级》编写而成。

　　本教材共有四个项目，项目一为宠物造型基本技能，是造型修剪的基础，包括正确使用修剪工具、犬局部基础修剪、长毛犬包毛；项目二为造型修剪，详细描述了贵宾犬、比熊犬、雪纳瑞犬等7种门店常见品种犬的造型修剪；项目三为创意造型设计，包括创意染色和萌宠装创意头型设计与修剪；项目四为宠物服饰制作与搭配，包括宠物围巾、领结、马甲等服饰的制作与搭配。每个项目又分解成若干个任务，这些任务均来源于企业的工作岗位。此外，教材有机融入职业素养内容，体现立德树人根本任务；插入了关键知识点与操作步骤的动画与演示视频，可通过扫描二维码观看学习，增加了内容的多样性与实用性；电子课件可从 www.cipedu.com.cn. 下载参考。

　　本教材既可以作为职业院校宠物美容相关课程的教学用书，也可以用于宠物美容行业一线工作人员的培训教材或参考书。

图书在版编目（CIP）数据

宠物造型设计与修剪 / 王欣，王艳立主编 . -- 北京 ：
化学工业出版社，2025. 5. --（农业农村部"十四五"
规划教材）. -- ISBN 978-7-122-47887-0

Ⅰ. S865.3

中国国家版本馆 CIP 数据核字第 2025ZB7518 号

责任编辑：迟　蕾　李植峰　王嘉一　　　　　装帧设计：孙　沁
责任校对：杜杏然

出版发行：化学工业出版社
　　　　　（北京市东城区青年湖南街 13 号　邮政编码 100011）
印　　装：中煤（北京）印务有限公司
787mm×1092mm　1/16　印张 11　字数 168 千字
2025 年 7 月北京第 1 版第 1 次印刷

购书咨询：010-64518888　　　　　　售后服务：010-64518899
网　　址：http://www.cip.com.cn
凡购买本书，如有缺损质量问题，本社销售中心负责调换。

定　　价：56.00 元

《宠物造型设计与修剪》
编审人员名单

主　编　王　欣　王艳立

副主编　陶　妍　郑关雨　王心竹　曹　霞

编　者　敖铭远（上海好宠宠物服务有限公司）

　　　　曹　霞（江苏农林职业技术学院）

　　　　陈爱凤（江苏农牧科技职业学院）

　　　　段素云（北京农业职业技术学院）

　　　　管久霄（辽宁农业职业技术学院）

　　　　姜　姗（黑龙江农业工程职业学院）

　　　　李龙娇（重庆三峡职业学院）

　　　　李心元（沈阳市良宠沃德技术咨询服务有限公司）

　　　　陶　妍（辽宁农业职业技术学院）

　　　　万　玲（辽宁农业职业技术学院）

　　　　王　欣（辽宁农业职业技术学院）

　　　　王心竹（辽宁农业职业技术学院）

　　　　王艳立（辽宁农业职业技术学院）

　　　　宣　妍（黑龙江农业工程职业学院）

　　　　杨　丽（上海朋朋宠物有限公司）

　　　　张思远（沈阳市良宠沃德技术咨询服务有限公司）

　　　　郑关雨（辽宁农业职业技术学院）

　　　　朱　源（上海朋朋宠物有限公司）

　　　　买尔外提·波拉提（塔城职业技术学院）

主　审　田长永（辽宁农业职业技术学院）

前言

《宠物美容与护理
职业技能评价规范》

《宠物美容职业
技能等级》

《职业教育提质培优行动计划（2020—2023年）》将"职教20条"部署的改革任务转化为具体举措与行动，其中一项重要行动是实施职业教育"三教"改革攻坚行动。为贯彻该行动精神，建设校企双元合作开发的职业教育教材，多家高职院校与上海朋朋宠物有限公司等企业合作开发了以岗位胜任能力培养为核心的宠物类专业系列化工作手册式教材。

宠物造型设计与修剪是宠物养护与驯导专业的核心课程，也是校企合作模块化教学改革过程中形成的对接宠物美容师岗位工作任务的核心培训项目。本教材紧紧围绕培养高水平宠物美容师的需要，以岗位胜任能力为核心主线，融入团体标准《宠物美容与护理职业技能评价规范》与地方标准《宠物美容职业技能等级》，按照宠物美容工作所需的关键能力进行项目化设计，每个项目中又设计了若干个任务，以任务资讯、任务准备、任务实施、任务评价的形式组织教材内容，通过设计"实施单、考核单"等贯穿全程的"工作单"，形成了具有"教学做"一体化特色的"工作手册"式教材。同时本教材全方位地融入"职业素养内容"，由浅入深地引导学生建立热爱劳动、爱美创美、爱岗敬业的价值观，潜移默化地培养精益求精的工匠精神、服务意识与创新能力。

本教材充分运用现代化信息技术，将操作视频、微课、动画等丰富的数字化资源融入教材，通过扫描二维码即可观看学习，为学习者打造立体化课程学习体系，便于学习者通过移动终端随时随地进行自主学习。

本教材由高水平校企融合团队共同开发：项目一由曹霞、郑关雨、朱源、万玲编写，项目二由王欣、陶妍、敖铭远、张思远、杨丽、王心竹编写，项目三由段素云、管久霄、李龙娇、李心元编写，项目四由王艳立、宣妍、姜姗、陈爱凤、买尔外提·波拉提编写。其中杨丽、张思远、敖铭远、李心元为企业高级技术人员，为教材编写提供了岗位工作所需的新技术、新标准及操作流程与规范，增强了教材的实用性与先进性。由王欣、王艳立主编统稿，田长永主审。

由于编者水平有限，在编写过程中若有不妥之处，恳请同行批评指正。

编者

2025年1月

目录

参考文献

项目一

宠物造型基本技能

任务 1-1

正确使用修剪工具

🐾 知识目标

1. 了解不同美容剪的种类与用途。
2. 分辨不同宠物电剪刀头型号与对应的留毛长度。
3. 区分排梳不同用途与使用方法。
4. 理解运剪原则。

🐾 能力目标

1. 能在 1min 内按照直剪开合要求完成 30 次开合动作，会保养直剪。
2. 能连贯运剪。
3. 能在 40min 内按照要求完成身体及四肢剃剪，及时清理并会保养电剪。
4. 能选择 1 款适合自己的排梳并正确梳毛、挑毛、整理底毛。
5. 能熟练完成不同方向直剪开合与运剪操作。
6. 绘制犬全身毛流走向图。

🐾 素质目标

1. 安全防护：理解并遵守工具使用的安全规范，避免误伤人与宠物，树立安全意识，减少意外伤害风险，保障自身与宠物安全。
2. 规范操作：正确使用、保养工具，树立规范意识。

🐾 对应标准

《宠物美容与护理职业技能评价规范》，宠物美容（初级）;《宠物美容职业技能等级》，宠物美容（初级）。

🐾 适应岗位

宠物美容师助理、宠物美容师。

🐾 任务资讯

1. 美容剪的介绍

美容剪主要用于犬猫被毛剪除与修饰，弥补电剪剃除被毛时只按照其本身结构平面式剃剪的缺陷。

（1）结构

美容剪的刀刃分为动刃与静刃，各部位结构见图 1-1-1。

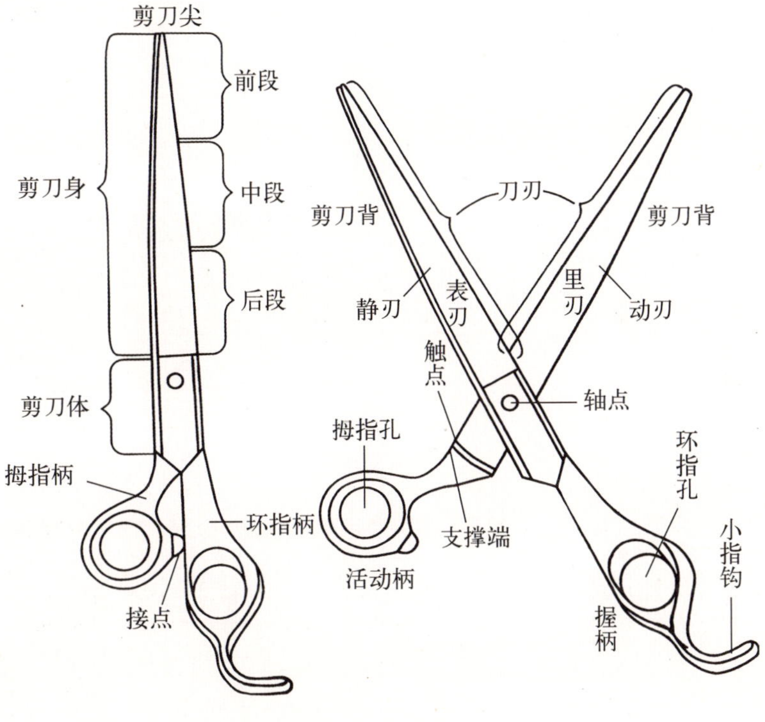

图 1-1-1 美容剪结构图

（2）种类与功能

美容剪刀刃有多种尺寸，常用的有 6.5 寸、7 寸和 7.5 寸。不同刀刃形状有不同的名称和功能，常用的美容剪名称和功能见表 1-1-1。

表 1-1-1　美容剪名称与功能

序号	名称		刀刃形状	功能
1	直剪		刀刃直	平面修剪
2	弯剪		刀刃有一定弧度	弧面修剪
3	牙剪	V 形剪	齿状刀刃，每个齿是 V 形	打薄，弥补刀痕和断层
		鹿角剪	齿状刀刃，每个齿上有多个齿尖	
		鱼骨剪	齿状刀刃，每个齿形似鱼骨	

❶ 直剪（见图 1-1-2）。适用于各种犬的被毛修饰、雕琢等，也用于细微部位的修剪，如修剪耳毛、触觉毛、唇线、足底及爪毛等。

❷ 弯剪（见图 1-1-3）。适合有弧度的造型修剪，如修剪头部、腹腰、尾球等，操作熟练时可节省时间。

❸ 牙剪（打薄剪）。主要用来弥补刀痕和断层。

a. V 形剪（见图 1-1-4）。下毛率 30% 左右，多用于修剪㹴犬、原始犬种被毛，还可用来修饰直剪修剪后的断层。

b. 鹿角剪（见图 1-1-5）。每一齿由 3～4 个从短到长的尖组成，形似"鹿角"。下毛率较高，可达 45% 左右。

c. 鱼骨剪（见图 1-1-6）。齿尖形似"鱼骨"，每一齿很宽。下毛率非常高，可达 60%～70%。鱼骨剪在身体、头部开型，线条修整等方面能加快修剪速度，非常受美容师欢迎。

（3）新剪刀调整

新剪刀用之前要用专用齿轮（配套工具）旋动轴点，调节两个刀刃的松紧。剪刀过紧开合困难，剪刀过松容易夹毛、剪不断被毛。最适合的松紧是如图 1-1-8

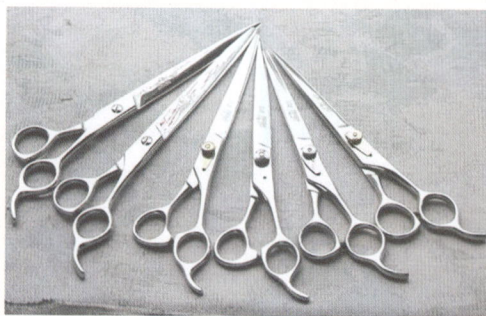

图 1-1-2　直剪

 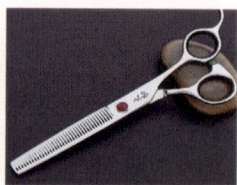

图 1-1-3　弯剪　　　　图 1-1-4　V 形剪

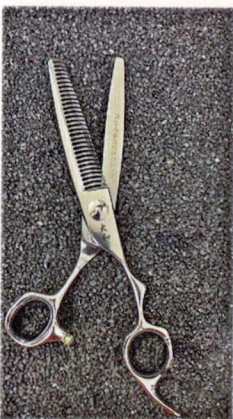 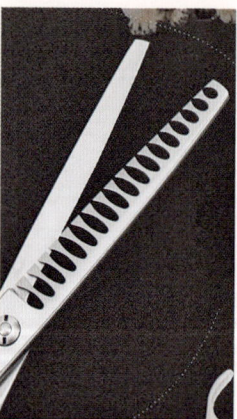

图 1-1-5　鹿角剪　　　　图 1-1-6　鱼骨剪

手势所示打开剪刀，松开大拇指，刀刃自然下落但不完全闭合。

2.电剪的介绍

电剪刀头型号越大，剃剪后留毛越短。不同品牌电剪刀头有差异，留毛长度偏差1～2mm。具体留毛长度见电剪刀头的介绍视频。

电剪刀头的介绍

3.运剪原则

顺毛流，横走向；动刃在前，静刃在后；平移剪刀；开合快，移动慢。

❶ 顺毛流，横走向。在修剪真犬时，剪刀刀身与毛流方向（犬毛根至毛尖自然生长的方向）尽量保持平行，剪刀运剪方向与毛流方向保持垂直，也称顺毛修剪（见图1-1-7），可使修剪面无剪痕与明显断层。

毛流方向

剪刀运行方向 或 剪刀运行方向

毛流方向

图1-1-7 顺毛修剪示意图

❷ 动刃在前，静刃在后。在剪刀运行中，动刃行走在静刃前面，剪刀向动刃方向移动。

❸ 平移剪刀。剪刀在修剪面上平稳连贯移动，无起伏波动。

❹ 开合快，移动慢。在平面上运剪时尽量增加剪刀开合频率，减少运行速度。静刃始终保持在已经修剪过的平面上，运行每厘米距离至少开合2次。

🐾 任务准备

直剪、刀头油、剪刀布、电剪、毛刷、冷却液、排梳、模特犬。

🐾 任务实施

直剪平衡与开合训练

1.直剪使用

（1）直剪开合

❶ 手持直剪，控制动刃和静刃。手臂伸出，手心朝上，除大拇指外其余四指并拢，无名指套入静刃环指孔，大拇指套入动刃环指孔。刀柄垂直，中指、食指固定静刃刀柄。小拇指靠近剪尾，掌心稍微合拢。见图1-1-8。

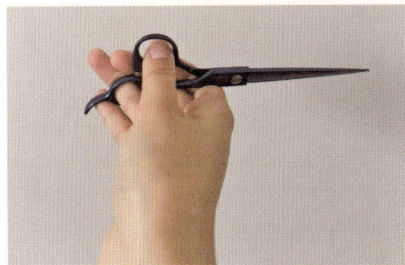

图1-1-8 手持直剪

❷ 剪刀尖指向各方向进行开合训练。刀尖指向 3 点钟方向，小拇指向内用力，无名指从指环内向外用力，两个相反的力固定直剪，食指与中指固定静刃，大拇指带动动刃开合。刀尖依次指向 12 点钟、9 点钟、正反剪 6 点钟方向开合练习。

直剪开合要求：a.大拇指不打弯控制动刃开合。b.每一次开合角度最小为 90°。c.静刃平稳不晃动。

❸ 直剪平衡训练。若手部控制静刃力量不够，做直剪平衡训练提升手部力量。手臂伸直，手持直剪，刀尖指向 9 点钟方向，松开大拇指，小拇指指肚向下压剪尾将静刃刀柄与食指、中指贴合，手掌摊平，手臂、手掌与四指在同一平面，见图 1-1-9。

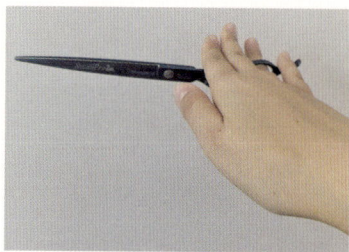

图 1-1-9　直剪平衡

（2）直剪运剪

依据考核单（见工作手册）进行考核，直剪开合考核成绩 ≥23 分，可进行运剪训练。训练者扎稳马步，左手背到腰后，右手按照手持直剪要求拿起直剪（见图 1-1-10）。边思考"动刃在前、静刃在后"[详解见任务资讯 3：运剪原则 ❷]，边做不同方向运剪练习。

运剪操作

图 1-1-10　运剪前准备动作

❶ 正剪横剪。手持直剪，刀尖向前，刀柄与地面水平，持剪手势见图 1-1-11，想象前面有 1 个与地面平行的平面，沿其从左至右边开合边运剪，剪刀运行慢开合快。运行时的开合同样遵守直剪开合要求。

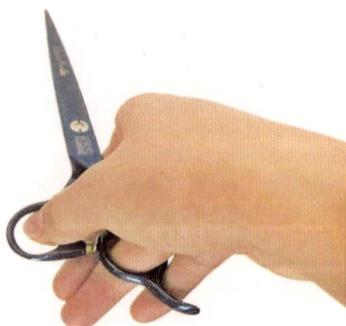

图 1-1-11　正剪横剪持剪手势

❷ 正剪竖剪。手持直剪，刀尖向右，刀柄与地面垂直，持剪手势与图 1-1-8 保持一致，想象前面有 1 个与身体平行、地面垂直的平面，沿其从上至下边开合边运剪。

❸ 反剪竖剪。手持直剪，刀尖向前，刀柄与地面垂直，持剪手势见图 1-1-12，想象前面有 1 个与身体、地面同时垂直的纵面，沿其从上至下边开

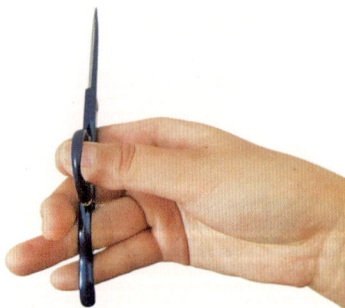

图 1-1-12　反剪竖剪持剪手势

合边运剪。

④ 正手包圆。手持直剪，刀尖向前。直剪正面朝上，刀柄与地面平行，边开合边顺时针从 12 点钟方向向 6 点钟方向画半圆，同时顺时针翻转刀柄，至 6 点钟方向时刀柄与地面平行，正面朝下。

⑤ 反手包圆。手持直剪，刀尖向前。直剪正面朝下，刀柄与地面平行，边开合边逆时针从 12 点钟方向向 6 点钟方向画半圆，同时逆时针翻转刀柄，至 6 点钟方向时刀柄与地面平行，正面朝上。

（3）保养直剪

① 用剪刀布轻轻将残留在剪刀上的碎毛擦拭干净。

② 打开剪刀，刀尖垂直向下，于两刀刃之间，轴点上方滴 1～2 滴刀头油，迅速开合剪刀使刀头油浸润刀刃，擦掉多余刀头油。

③ 将剪刀轻轻闭合，小心装入盒子或工具包中。

剪刀的保养

（4）按照实施单中的"直剪使用"（见工作手册）反复训练

（5）注意事项

① 剪刀不要放在美容台上或容易掉落的地方，防止摔落与撞击导致损坏。

② 不要使用剪刀修剪干净被毛以外的物品，非被毛物品与脏毛会使刀刃变钝。

③ 左撇子需用专用左手剪刀，其刃线角度与右手剪刀不同。

2.电剪使用

电剪的使用

（1）电剪手持方法练习

手持电剪的方法主要有手握式与抓握式两种方法（见电剪的使用操作视频）。分别使用两种方法进行电源开关开合和手持电剪移动练习。

（2）电剪剃剪

保定好模特犬，按照毛流方向（见图 1-1-13）用电剪剃剪被毛。一只手扶住犬，另一只手手持电剪贴住皮肤移动电剪，不同部位选择方便操作的手持方法剃剪。

（3）保养电剪

① 关闭电源检查电剪刀头温度，若温度过

图 1-1-13　犬毛流走向图

高停留一段时间或给刀头喷洒冷却液降温。

❷ 电剪使用结束后，使用配套小毛刷将刀头表面毛屑清理干净。将刀头卸下，清理电剪内腔与卸下来的刀头。在刀刃处滴1～2滴刀头油，用牛皮纸将刀头包好放置。

（4）按照实施单中的"电剪使用"（见工作手册）反复训练

电剪的保养

（5）注意事项

❶ 刀头平行于皮肤缓慢、平稳移动。皮肤褶皱部位先抻平后剃剪，避免划伤。

❷ 经过皮肤敏感部位时注意刀头温度，若温度过高，需冷却后再剃。

❸ 耳朵皮肤薄、柔软，剃剪时摊于手中，动作不可过大，以免划伤耳朵边缘皮肤。

❹ 用完后立即清理刀头，注意刀头保养。

3.排梳使用

（1）应用排梳梳毛

❶ 用拇指与食指夹住梳子一端，中指轻轻地顶在梳子上（见图1-1-14），运用手腕力量梳毛。

❷ 梳理犬全身被毛，先用宽齿部位将毛梳顺，再用窄齿部位将犬被毛上的小结梳掉，梳理顺序为颈部、前肢、胸部、背部、侧腹、腹部、尾部、后肢、头部、尾巴。

梳理时不要用力拉扯，造成犬的疼痛与被毛损伤。

图1-1-14　梳毛挑毛持拿方法

（2）应用排梳挑毛

手持方法同（图1-1-14），将排梳齿以30°～45°插入被毛根部，沿插入角度抬起，将被毛沿毛流方向轻轻弹起，不翻转手腕；使用整个排梳的1/3从下至上，从后至前挑毛，保证被毛在同一方向上，不会压倒已挑过的被毛。

挑毛的方法

（3）去除死毛、整理底毛

去除死毛、整理底毛时，用四根手指捏住梳子背部（不要握），把拇指放在梳齿上（见图1-1-15）。逐层梳理被毛，每一层都从毛根开始梳理，将脱落的死毛梳掉，细软的底毛梳顺。

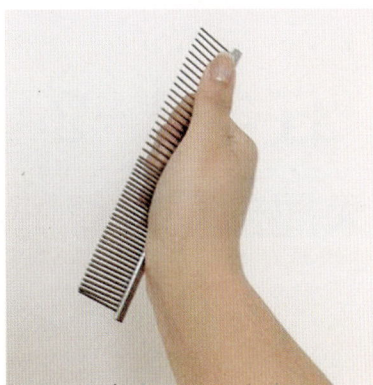

图 1-1-15　去除死毛、整理底毛持拿方法

（4）按照实施单中的"排梳使用"（见工作手册）反复训练

🐾 任务评价

根据考核单（见工作手册）进行操作考核，考核成绩≥80 分方可进行任务 1-2 犬局部基础修剪。

任务 1-2
犬局部基础修剪

知识目标

1. 理解运剪原则，修剪平面与弧面。
2. 分析弧面修剪"先方后圆"原理，完成平面向弧面过渡。
3. 构建修剪面空间立体结构，判断尾球、脚圈与眼圈剪刀走向。

能力目标

1. 能修剪出平整度高的平面与圆润弧面。
2. 能分别在 10min、10min、20min 内完成 1 只犬的尾球、眼圈和 4 个脚圈的修剪。

素质目标

1. 培养专注力与细致性：细心观察，注重细节，耐心细致操作，专注训练手眼协调，确保修剪效果符合犬的特性与需求。
2. 培养学习能力：理解并接受宠物在修剪中不配合的现象，研究犬情绪判定方法，总结不同情境下犬只保定的方法。

对应标准

《宠物美容与护理职业技能评价规范》，宠物美容（初级）;《宠物美容职业技能等级》，宠物美容（初级）。

适应岗位

宠物美容师助理、宠物美容师、美容主管、店长。

🐾 任务资讯

1.脚圈修剪的意义

❶ 减少污垢积聚。脚圈部位容易接触泥土、灰尘、草屑等污垢。修剪脚圈可以防止污垢在脚部毛发中堆积，保持脚部清洁。

❷ 利于脚部检查。脚圈修剪后脚部清晰可见，方便主人及时发现脚部有伤口、肿胀、异物等异常情况，以便尽早处理。

❸ 提升整体形象。整齐的脚圈更加利落、精神，提升犬的整体美观度。在一些犬类美容比赛或展示中，修剪脚圈是重要的美容环节之一，有助于其展现更好的状态。

2.眼圈修剪的意义

❶ 保障眼部健康。过长或杂乱的眼圈被毛容易刺激犬的眼睛，导致流泪、眼屎增多、眼睛发炎等问题。修剪眼圈可以去除多余被毛，减少眼部刺激，降低疾病发生风险。

❷ 减少视线遮挡。眼圈被毛过长会遮挡视线，影响视力。修剪眼圈可以让犬视野更加开阔，提高其对周围环境的感知能力，减少因视线受阻导致的意外发生。

❸ 便于日常护理。修剪后的眼圈使犬眼部更加方便地使用棉球擦拭眼睛及周围，去除眼屎和污垢，保持眼部清洁卫生。

❹ 提升整体形象。精心修剪过的眼圈使犬的眼睛更加明亮有神，与整个面部的比例更加协调，增强其可爱度与吸引力。贵宾犬、比熊犬等品种犬修剪眼圈后眼睛显得更大、表情更甜美，提升犬的整体形象。

🐾 任务准备

假毛片、毛筒、直剪、针梳、排梳、模特犬（洗护完毕，被毛拉直，足底毛、腹底毛、肛周毛剃剪完成）。

🐾 任务实施

1.修剪平面与弧面

❶ 将假毛片固定于毛筒上，按照任务 1-1 "直剪运剪"中的正剪横剪、正剪竖剪、反剪竖剪将毛筒修剪为横截面为正方形的长方体。

❷ 修剪弧面。理解"先方后圆"原则，面对长方体横截面，剪刀打斜 45° 修剪正方形的四个角（见图 1-2-1），得到八角形，不断切角得到弧面（见图 1-2-2），将长方体修剪成圆柱体。待刀功成熟，按照任务 1-1"直剪运剪"中的正手包圆、反手包圆修剪弧面。

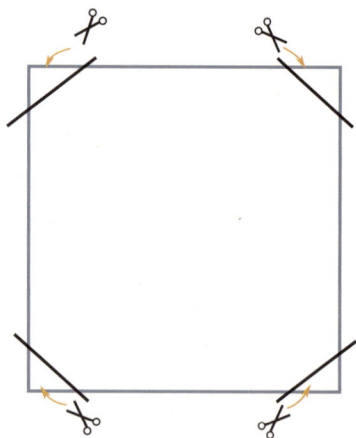

图 1-2-1　切四个角

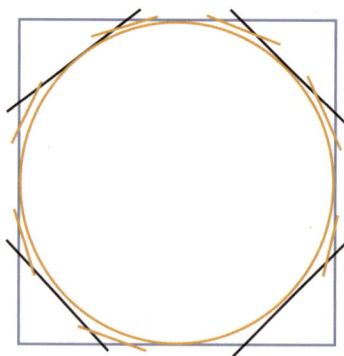

图 1-2-2　不断切角包圆

❸ 对照实施单（见工作手册）纠正修剪动作，检查修剪效果，填写实施单。

2. 修剪尾球

将尾巴被毛旋转拧成绳状，根据尾巴的长度与毛量确定尾球大小，用直剪将末端被毛剪掉。一手捏住尾尖少量被毛，将尾巴毛用排梳按照毛流方向梳至蓬松，将尾球的上半部与下半部分别修剪 45° 平面，中间部分修剪一圈垂直面，将各个面的棱角包圆，见图 1-2-3 和图 1-2-4。

对照实施单纠正尾球修剪动作，检查修剪效果，记录修剪时间。填写实施单。

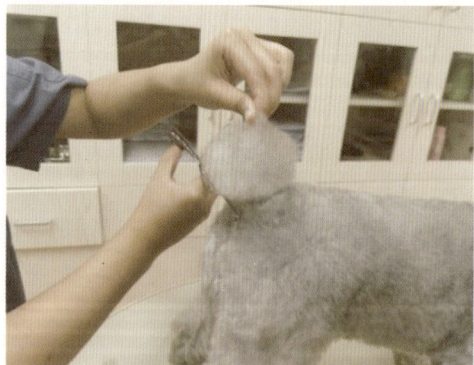

图 1-2-3　修剪尾球操作方法

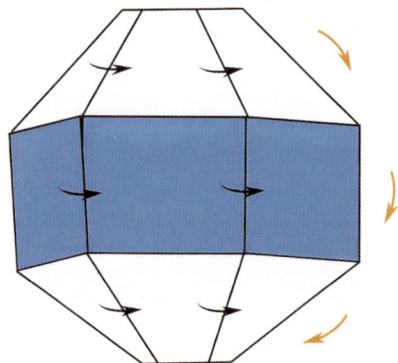

图 1-2-4　修剪尾球运剪方向示意图

3.修剪脚圈

将脚圈被毛用排梳沿生长方向梳理通顺。修剪犬前肢脚圈时将前脚放置于美容桌边缘，用手轻捏住犬口吻部（见图1-2-5）。修剪后肢脚圈时将后脚放置于美容桌边缘。用手扶住犬的两腿之间生殖器位置（见图1-2-6）。视线与脚面平齐，一手持美容剪，剪刀紧贴脚背平齐修剪一刀，露出犬的脚面。剪刀向前、后、左、右各打斜45°运剪向上修剪多余被毛。以脚面为基准线向脚圈上方去角包圆，运剪方向见图1-2-7、图1-2-8、图1-2-9。

图1-2-5 前肢脚圈修剪控犬姿势

图1-2-6 后肢脚圈修剪控犬姿势

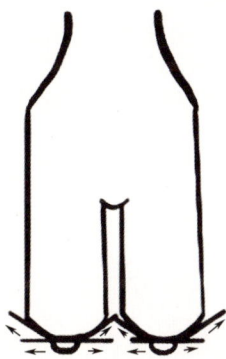

图1-2-7 前肢脚圈
修剪运剪示意图

图1-2-8 后肢脚圈
修剪运剪示意图

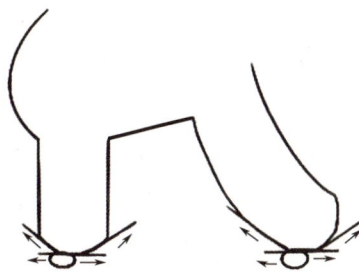

图1-2-9 前后肢脚圈修剪
侧面运剪示意图

注意事项

❶ 将剪刀闭合贴住皮肤后再打开，从内向外运剪，防止划破犬只脚部。

❷ 操作者将视线与脚圈水平，以保证脚圈的修剪角度。

❸ 脚圈与地面角度不宜过大，不超过45°。脚圈被毛长度需和整体造型相协调。

对照实施单纠正脚圈修剪动作，检查修剪效果，记录修剪时间，填写实施单。

4.修剪眼圈

❶ 修剪内眼角被毛。控好犬头（手虎口控制犬颈部，或用大拇指与食指捏住下颌处被毛）并将其稍稍抬起，用排梳一角尽可能挑起内眼角间杂毛，见图1-2-10。剪刀刀刃平贴内眼角，用刀尖小心将内眼角的杂毛修剪掉，见图1-2-11。

❷ 修剪额段被毛。用排梳将额段被毛向前梳理（见图1-2-12）。剪刀置于两内眼角眼连线处，刀柄与鼻梁成45°修剪被毛（见图1-2-13），侧望将被毛修剪成45°面（见图1-2-14）。剪刀置于止部，刀柄与鼻梁成45°，刀尖向左边外眼角外侧倾斜15°～30°修剪左眼前上方被毛，见图1-2-15。右侧做对称修剪。摆正犬头部，俯视以内眼角之间的中心点为起点，刀柄与鼻梁垂直，刀尖分别向左向右打斜15°～30°修剪（见图1-2-16，图1-2-17），将正面连接处棱角包圆（见图1-2-18）。修剪俯视效果图见图1-2-19。

图1-2-10 排梳挑起内眼角被毛

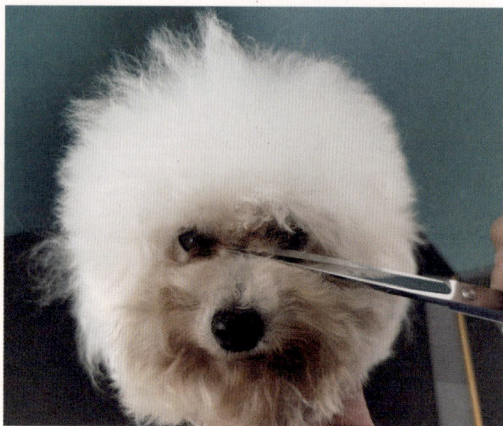

图1-2-11 平贴内眼角修剪杂毛

图1-2-12 梳理额段被毛

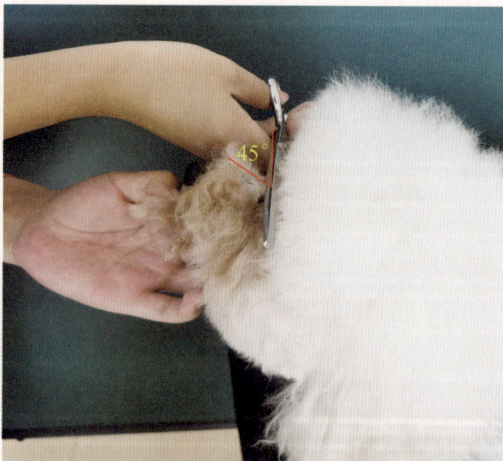

图1-2-13 刀柄与鼻梁成45°

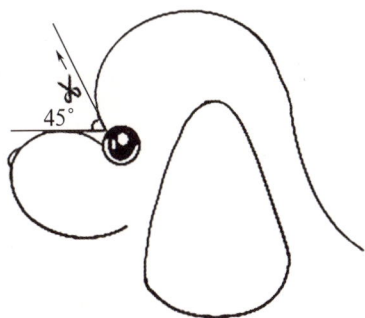

图 1-2-14 侧望运剪示意图

图 1-2-15 刀尖向外倾斜 15°～30°

图 1-2-16 刀柄垂直，刀尖向左修剪

图 1-2-17 俯视向左右修剪示意图

图 1-2-18 连接处棱角包圆

图 1-2-19 俯视修剪效果图

注意事项

❶ 修剪时要确保犬处于安静、稳定的状态。使用正确的头部修剪控犬手势，当犬突然乱动则立即收回手中剪刀，防止剪伤。

❷ 修剪过程中，要注意随时清理剪下的被毛，避免被毛进入犬的眼睛，引起眼睛不适或感染。

❸ 修剪使留毛长度与眼睛大小、形状相协调。

对照实施单纠正眼圈修剪动作，检查修剪效果，记录修剪时间，填写实施单。

🐾 任务评价

依据考核单（见工作手册）评价操作方法、修剪效果及素质目标达成情况。

任务 1-3
长毛犬包毛

知识目标

1. 阐述贵宾犬、约克夏㹴犬包毛流程与分界方法。
2. 总结包毛工具与作用。

能力目标

1. 能在 5min 内完成 1 个贵宾犬包毛作品。
2. 能在 3min 内完成 1 个约克夏㹴犬包毛作品。
3. 能完成贵宾犬、约克夏㹴犬整个身体包毛，并保证毛包质量与美观。

素质目标

1. 培养责任感：操作力度适中、小心，体现对宠物被毛的爱护。
2. 动手能力与创新精神：通过包毛练习，发挥创意，探索不同包毛方式与风格，培养动手能力与创新精神。

对应标准

《宠物美容与护理职业技能评价规范》，宠物美容（高级）；《宠物美容职业技能等级》，宠物美容（高级）。

适应岗位

宠物美容师助理、宠物美容师、美容主管。

🐾 任务资讯

1.包毛的目的

❶ 保养被毛，有助于保持被毛顺滑光亮，减少因被毛缠绕发生的打结现象；

❷ 保护被毛，防止灰尘、污垢沾染，防止被毛受损、脱落，保持被毛整洁与美观；

❸ 防止前额饰毛进入眼睛，保持口腔、肛门等部位清洁。

2.包毛的工具与材料

❶ 柄梳。用于梳理包毛前的长被毛。

❷ 排梳。用于梳毛与压毛（压住非包毛区域被毛，使其与包毛区域被毛分离）。

❸ 分界梳。用于被毛分界、分股。

❹ 皮筋剪。用于剪断皮筋。

❺ 宠物橡皮筋。小的用于包毛，大的用于固定包毛纸。

❻ 包毛纸。用于包毛，使被毛与橡皮筋有阻隔缓冲。

包毛工具与材料

🐾 任务准备

包毛纸、皮筋剪、宠物橡皮筋、分界梳、防静电液、高蛋白润丝液、模特犬（贵宾犬、约克夏狸犬洗护完毕，被毛拉直，足底毛、腹底毛、肛周毛剃剪完成）。

🐾 任务实施

1.包一个毛包

❶ 将犬抱上美容桌，与犬适当沟通并对其安抚后让犬枕在小枕上，方便包毛工作进行。

❷ 根据被毛长度裁好包毛纸，备用。

❸ 将犬全身被毛梳顺，喷以 1∶50 稀释的高蛋白润丝液或防静电液，如需参加比赛则要在比赛前 10 天改用植物性润丝乳液（1∶20 稀释）以减少被毛油脂。注意喷洒均匀。

❹ 用分界梳挑起背部适量被毛（约 3cm×2cm 长方形区域面积），分界梳尾部尖端分清包毛区域与非包毛区域界限。若犬杂毛较多，再喷适量高蛋白润丝液或防静

电液。

⑤ 使用包毛纸包毛 包毛纸光面向内贴毛，纸的顶端向内折叠 2cm 左右，左手拉直毛，右手用包毛纸将毛包住，边缘对齐，横向折三折，将毛全部包裹入纸中。纵向对折，用分界梳将毛挑好，继续对折两次；用宠物橡皮筋扎牢，松紧适合，见图 1-3-1。

（a）　　　　　　　　　（b）　　　　　　　　　（c）

（d）　　　　　　　　　（e）　　　　　　　　　（f）

图 1-3-1　包毛纸的包毛过程

2.给贵宾犬包毛

❶ 将犬抱上美容桌，与犬适当沟通并对其安抚后让犬枕在小枕上，方便包毛工作进行。

❷ 梳通犬全身被毛，并喷高蛋白润丝液或防静电液。

❸ 头顶包毛

a. 第 1 分界线。横向以两眼外眼角为界，纵向前额至外眼角后

贵宾犬的包毛

0.5～1cm（见图1-3-2）内被毛用橡皮筋于近毛根处扎好，松紧适宜，分界清晰、笔直、无杂毛（见图1-3-3）。用包毛纸包第1个毛包。橡皮筋扎被毛与包毛纸使用方法参照任务实施1：包一个毛包。

　　b. 第2分界线。外眼角后0.5～1cm至上耳根（见图1-3-4）范围内用包毛纸包毛，包完后用橡皮筋与第1个毛包合在一起。

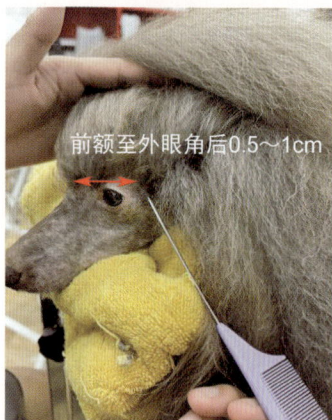

图1-3-2　第1分界线
（前额至外眼角后0.5～1cm）

图1-3-3　分界示意图

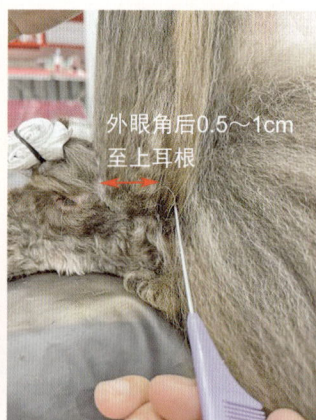

图1-3-4　第2分界线
（外眼角后0.5～1cm至上耳根）

　　c. 第3分界线。上耳根至枕骨（见图1-3-5），用同样方法将毛包好，勿将耳朵上的被毛包进毛包中，横向与纵向界限清晰（见图1-3-6）。

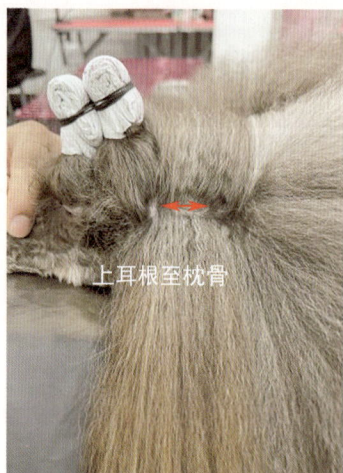

图1-3-5　第3分界线

图1-3-6　界限清晰

　　❹ 后颈部与背部包毛。按照纵向分界线沿脊柱中线向后包毛，横向分界线与前面毛包宽度相同。用同样方法将后背长毛全部包好（见图1-3-7）。

　　❺ 耳朵包毛。每只耳朵包1个毛包（见图1-3-8），摸准耳缘，防止包住耳肉。

图1-3-7 背部包毛后造型　　　　图1-3-8 耳朵包毛后展示

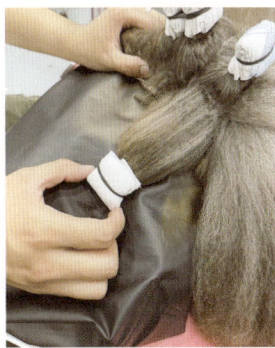

❻ 边包毛边填写实施单（见工作手册）强化贵宾犬包毛界限与标准，包毛后对照实施单检查包毛质量，记录包毛时间与个数。

3.给约克夏㹴犬包毛

❶ 将犬抱上美容桌，与犬适当沟通与安抚后让犬枕在小枕上，方便包毛工作进行。

❷ 梳通犬全身被毛，并喷高蛋白润丝液或防静电液。

❸ 头部包毛。横向以两眼外眼角向后延长线为界（见图1-3-9），纵向从头顶至外眼角后1cm处用橡皮筋距离毛根4cm处扎一个辫子。从外眼角后1cm处向上耳根划线分界，从上耳根处向枕骨画弧线（见图1-3-10），两边对称将此范围内的毛与之前的辫子包在一个毛包里。界限清晰，力度适中，头顶包毛（见图1-3-11）。

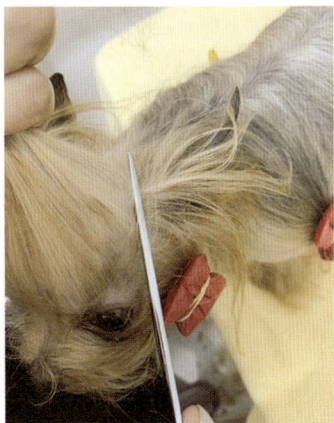

图1-3-9 外眼角延长线　　　图1-3-10 向枕骨画弧线　　　图1-3-11 头顶包毛

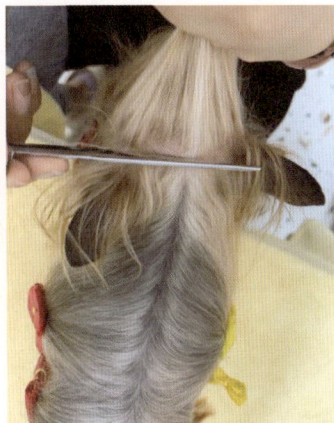

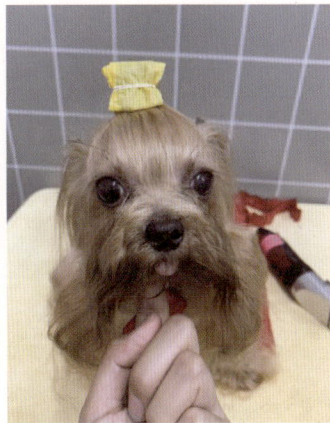

❹ 面部包毛。共包4个毛包，两侧对称，每侧包2个（见图1-3-12）：将上下颌毛分开，只包上颌的毛，上唇至外眼角范围内包1个（见图1-3-13）；外眼角至耳廓范围内包1个（见图1-3-14）。

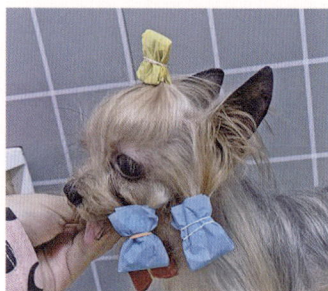

图 1-3-12　面部包毛后造型　　　图 1-3-13　上唇至外眼角　　　图 1-3-14　外眼角至耳廓

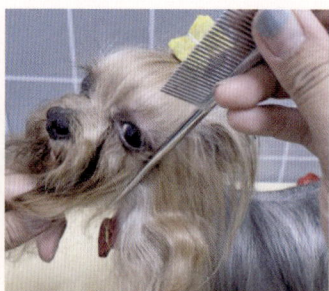

⑤ 身躯包毛

a. 侧面。将犬背部被毛沿脊柱均匀分至左右两侧。由肩部最宽处至坐骨端，根据毛量与模特犬体长将毛平均分成 4 至 5 份，两侧对称包毛。

b. 胸部。2 个毛包，喉结至胸骨端范围内包 1 个；胸骨端至下腹两腿之间范围内被毛包 1 个。

⑥ 腿部包毛

a. 前肢。以肘关节为起点，将长于地面的被毛包 1 个毛包。

b. 后肢。从鼠鼷部至膝关节包 1 个毛包。

⑦ 尾巴包毛。顺着毛流方向将被毛梳通攥于掌心，进行包毛，注意要摸清尾根的位置不要将尾根包进去（见图 1-3-15）。

⑧ 约克夏狼犬整体包毛效果见图 1-3-16，正面展示见图 1-3-17，侧面展示见图 1-3-18。

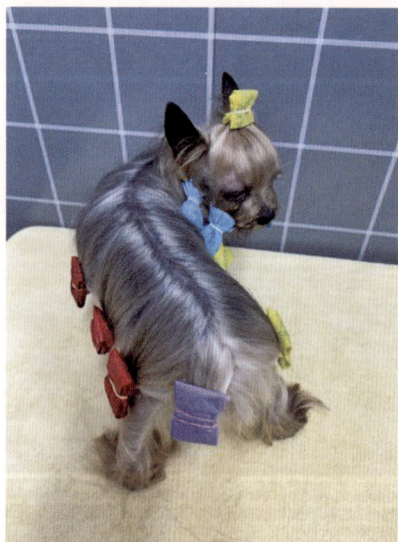

图 1-3-15　尾巴包毛

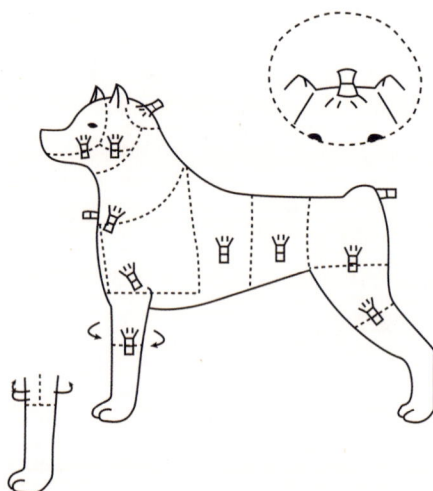

图 1-3-16　约克夏狼犬包毛图示

图 1-3-17　整体包毛正面　　　　　　　图 1-3-18　整体包毛侧面

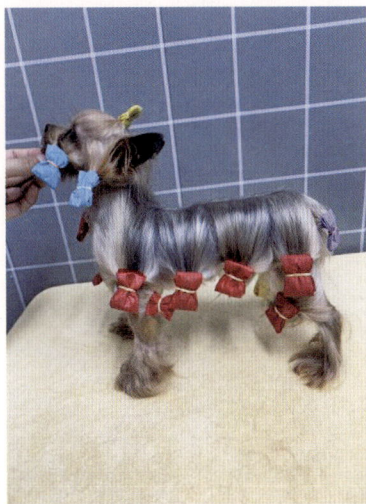

⑨ 边包毛边填写实施单（见工作手册）强化约克夏㹴犬包毛界限与标准，包毛纸使用是否正确。包毛后对照实施单检查包毛质量，记录包毛时间与个数。

4.包毛的注意事项

❶ 包毛过程中要稳定宠物情绪，犬一旦有配合表现要及时给予奖励，以保证包毛顺利进行。

❷ 包毛的基本原则是左右对称、大小一致、包紧扎牢，选取适当位置、包裹适当数量犬毛，不能伤到皮肤与被毛。

❸ 包毛时手部力量适中，以免脱落或拉扯皮肤。

❹ 包毛纸要将整缕被毛全部包住，不能露出毛尖，要将被毛统一压在包毛纸的对折线处包裹，不能让包毛纸的每一层都夹有被毛。

❺ 长毛犬（如西施犬、约克夏㹴犬、马尔济斯犬等）嘴巴包毛时注意不要将下颌毛包进去，导致犬张不开嘴。

🐾 任务评价

依据考核单（见工作手册）评价包毛过程、包毛效果及素质目标达成情况。

项目二
造型修剪

任务 2-1
贵宾犬拉姆装修剪

任务 2-1-1　拉姆装绘图

🐾 知识目标

1. 理解贵宾犬品种标准，总结其体尺比例关系。
2. 阐述拉姆装绘图流程。

🐾 能力目标

1. 能画出贵宾犬拉姆装侧望、正望、后望、俯视图。
2. 能根据品种标准对画图进行修正。

🐾 素质目标

1. 精益求精：精细、准确描绘，一丝不苟地完成每一处绘画细节并不断修正，确保绘图质量与效果。
2. 审美能力：理解拉姆装设计理念，培养线条审美能力，欣赏与评价不同绘图作品。

🐾 对应标准

《中国小动物技能大赛宠物美容专赛赛制标准》;《宠物美容与护理职业技能评价规范》，宠物美容（中级）;《宠物美容职业技能等级》，宠物美容（中级）。

🐾 适应岗位

宠物美容师助理、宠物美容师、美容主管。

贵宾犬品种标准

依据 FCI（世界犬业联盟）贵宾犬品种标准，总结归纳出贵宾犬品种标准信息档案见表 2-1-1-1。

表 2-1-1-1　贵宾犬品种标准信息档案

起源			尚有争议，目前较为一致的看法是起源于法国的水猎犬
用途			最早用于捕猎小动物，尤其是猎禽，后来被法国贵族作为伴侣犬
行为秉性			聪明活泼，高贵典雅，举止稳健骄傲，有独特的高贵气质。以忠诚著称，乐于学习与接受训练，是一种特别讨人喜欢的伴侣犬
外貌特征	体形	总体外形	正方形身材，体高（肩胛骨顶点至地面的距离）与体长（肩胛骨前缘至坐骨端的距离）近似相等
		标准分类	标准型　体高 45～60cm
			中型　体高 35～45cm
			迷你型　体高 28～35cm
			玩赏型　体高 24～28cm
	头部	眼睛	杏仁形，目光敏锐
		耳朵	下垂，贴近头部
		颅部	头盖骨俯视呈椭圆形，额段轻微突出
		吻部	口吻长、直、强壮，长度约等于从枕骨至眉头的距离
		鼻子	白色、灰色犬只鼻子为黑色，棕色犬只鼻子为棕色
		牙齿	剪状咬合，牙齿坚固
	颈部		结实，无垂肉，头部高昂，颈部长度小于头部的长度（两耳连线中点至吻突上缘的直线距离）
	躯干		背线水平，胸骨端略突起且位置高，肩部强壮，肩胛骨向后伸展，长度与肱骨相等。肘部至地面高度是体高的 1/2 稍多
	四肢	前肢	直、相互平行，肱骨与两肩胛骨分别形成约 110°
		后肢	相互平行，大腿肌肉发达强壮，与小腿长度相等，角度明显，后脚跟与地面垂直。站立时，后脚尖在臀部后端的稍后方

外貌特征	尾部		尾直，尾根位置高，向上翘起
	被毛	毛质	卷曲被毛：卷曲、厚实、富有弹性。灯芯绒被毛：充足纤细，下垂，质感稠密，典型的灯芯绒被毛长度至少20cm
		颜色	不同犬只被毛有多种颜色，如蓝色、灰色、银色，棕色、咖啡色、杏色与奶油色等，在每只犬身上展示的均为纯色
步态			步伐轻快，有弹性，沿一条直线前进。前躯有力。头与尾高高竖起。行走时保持轻松优美的体态
缺陷			眼睛呈圆形，突出，大或颜色浅。下颌不明显。下颚或上颚突出，嘴歪斜。尾根位置低，尾卷曲或翘起于背部上方。八字形的脚。鼻、嘴唇与眼眶的颜色不一致或与身体颜色不协调

🐾 任务准备

画本、铅笔、橡皮、尺子。

🐾 任务实施

1.画贵宾犬拉姆装侧望图

（1）确定画图整体框架

❶ 画4条等宽的横线，从上到下编号。

❷ 垂直作⑤号线，分别与②③④号线相较于 A、E、B 三点。

❸ 垂直作⑧号线，分别与②③④号线相较于 D、F、C 三点。使 AB=BC，ABCD 为正方形。

❹ 将 BC 纵向3等分，分别作垂线⑥号线与⑦号线。

整体框架见图2-1-1-1。

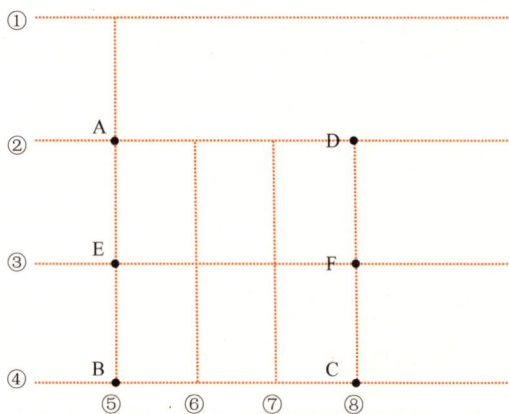

图 2-1-1-1　侧望图打格线

（2）画胸部

在②③号线之间画胸部，先于②③线中间约 1/3 或稍偏上位置作一段垂线为胸部最突出部位，该垂线位于⑤号线上。胸部的起始位置位于正方形第一等份的约前 1/4 处，胸部上部分与垂直角度约成 30°，下部分约 45°。胸部的结束点 G 位于③号线稍上方。胸部绘图见图 2-1-1-2。

图 2-1-1-2　胸部绘图

（3）画前肢

❶ 前肢前侧。在胸部下端结束位置画前肢前侧，胸与腿相交处 G 点略高于③号线。

❷ 前肢后侧。H 点向下垂直画后肢后侧，H 点在③号线上，后肢后侧在⑥号线偏后的位置。

❸ 前肢脚圈。在绿色虚线处向上补充脚圈，前肢脚圈前、后侧为 30°。将前脚补充上。

前肢绘图见图 2-1-1-3。

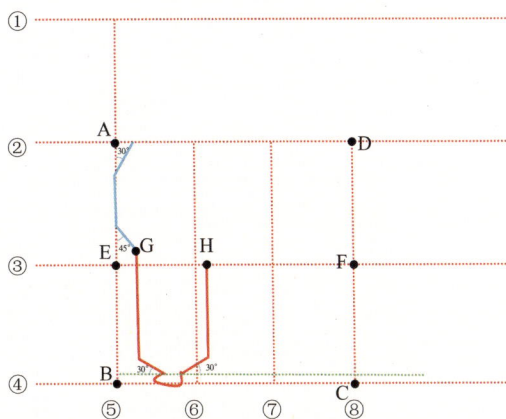

图 2-1-1-3　前肢绘图

（4）画股线

I 点位于⑧号线上，②③号线间距的上 1/5 处。由 I 点向上倾斜 30° 画 1 条斜线，终点 J 稍低于②号线。股线绘图见图 2-1-1-4。

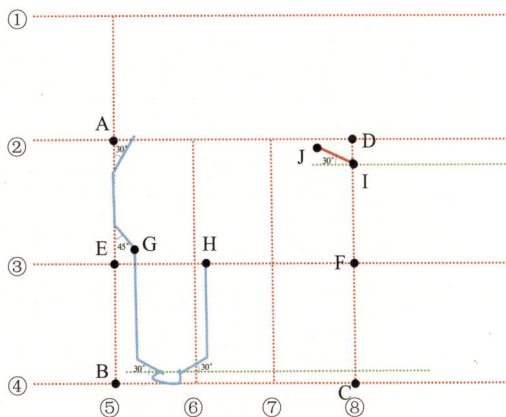

图 2-1-1-4　股线绘图

（5）画后肢后侧

将 I 点垂直向下至脚部绿色虚线处（不包含地面）3 等份，与⑧号线分别相交于 K、L 两点，即 IK、KL 和 LC 距离相等。第 1 等份 IK 画垂线；第 2 等份由 K 点向下倾斜 45°画斜线，与 L 所在的水平线相交于 M；第 3 等份由 M 点向下画垂线，结束位置待定。在脚部绿色虚线处确定点 N，N 点距离⑧号线的垂直距离约为 KL 的 1/2，由 N 向上倾斜 45°，与 M 点向下的垂线相交于 O。补充后脚。后肢后侧绘图见图 2-1-1-5。

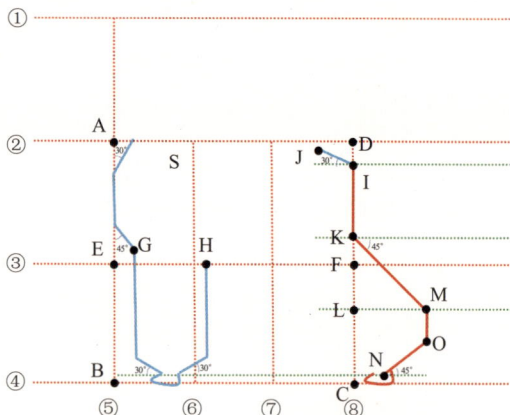

图 2-1-1-5　后肢后侧绘图

（6）画口吻

沿胸部上端向上延伸至①②号线中线，与①②号线中线相交于一点，由此向前画眼睛和鼻子。根据所画模特犬尺寸确定口吻长度（约为眼睛到鼻头的距离），鼻子和眼睛均位于①②号线的中线上。胸部最前端不超过口吻长度的 1/2。口吻绘图见图 2-1-1-6。

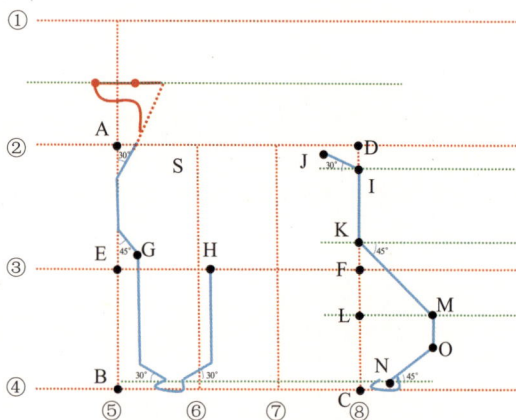

图 2-1-1-6　口吻绘图

（7）画头冠

从眼睛开始画头冠前侧，分别画 45°→90°→45°直线，与①号线相交于点 P，90°垂直位置为前额最饱满处，不超过口吻的 1/2。由点 P 向后水平画线至 Q，Q 点倾斜一定角度至 R，R 点位于眼睛斜上方，Q 点决定头冠弧度，R 点的位置决定模特犬颈部的粗细，此两点可根据具体比例稍作调节。头冠绘图见图 2-1-1-7。

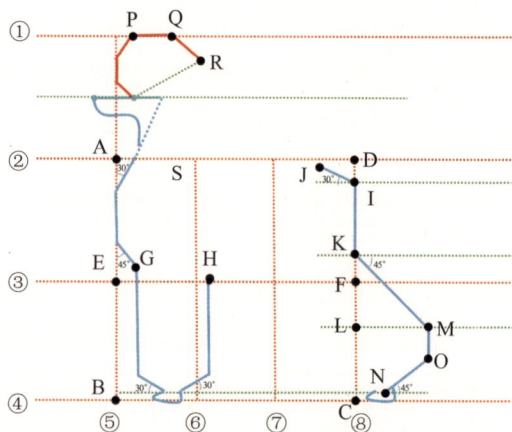

图 2-1-1-7　头冠绘图

（8）画颈线与背线

从股线 J 点向前水平或向上倾斜约 15° 做斜线为背线，背线终点为 S，在整个体长的 1/2 稍向后。S 点与 J 点水平或比 J 点高，且 S 点在②号线稍下方，但画出的背线与颈线使犬有"翘臀"感，可适当降低股线的位置。由 R 点向下倾斜 75° 左右画出颈线，与②号线相交后倾斜一定角度自然连接到 S。颈背线绘图见图 2-1-1-8。

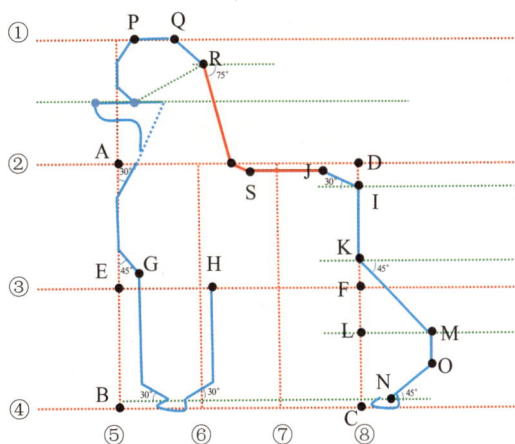

图 2-1-1-8　颈背线绘图

（9）画腹线

从 H 点开始向上倾斜 15°～30° 做斜线，与⑦号线相交，结束于 T 点，侧望观察确定 T 点位置，使前肢粗细、腹部长度与后肢粗细近似相等。腹线绘图见图 2-1-1-9。

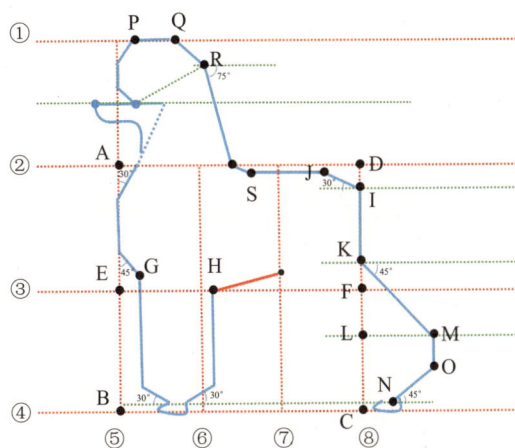

图 2-1-1-9　腹线绘图

（10）画后肢前侧

从点 T 斜向下 60° 画线至 U，U 位于 K 的斜下方，为犬膝盖的位置。由点 U 斜向下 45° 画线，UV 与 KM 平行且 UV≈KM，V 以自然角度连接至 N。后肢前侧与后侧平行。侧望观察颈部与后腿前侧线条，可对两线条进行调整，使其在同一延长线上。后肢前侧绘图见图 2-1-1-10。

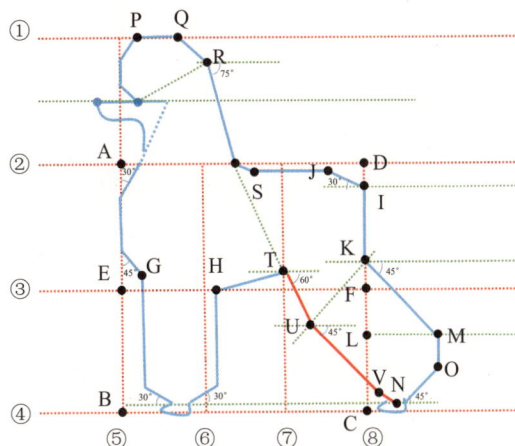

图 2-1-1-10　后肢前侧绘图

（11）画耳朵

耳朵前侧位于眼睛后方、前肢前侧延长线左右位置，长度不超过坐骨（I点）向前延长线。耳朵绘图见图2-1-1-11。

图 2-1-1-11　耳朵绘图

（12）画尾球

尾根位于股线之间，尾球成椭圆形或圆形，高度不超过外眼角延长线。尾球绘图见图2-1-1-12。

图 2-1-1-12　尾球绘图

（13）整体修整

大体轮廓画好后，调整线条，将各线段交叉点做弧形连接，使各部分比例协调衔接自然。修整后的侧望图见图2-1-1-13。

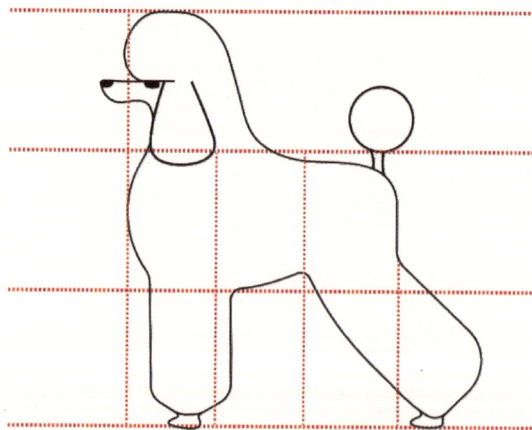

图 2-1-1-13　贵宾犬拉姆装侧望图

2.画贵宾犬拉姆装正望图

❶ 头冠正望似冰淇淋球形状。

❷ 双腿内外侧线条相互平行，与地面垂直，双腿粗细相同。

❸ 脚圈对称，与地面成45°。

贵宾犬拉姆装正望图，见图2-1-1-14。

3.画贵宾犬拉姆装后望图

❶ 后肢内外侧相互平行，向外倾斜成"A"形，两条后肢宽度一致，臀部宽度约为腿长的1/2。

❷ 脚圈对称，与地面成45°。

贵宾犬拉姆装后望图，见图2-1-1-15。

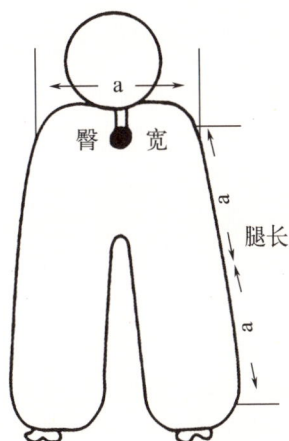

4.画贵宾犬拉姆装俯视图

❶ 拉姆装俯视如可乐瓶形状。

❷ 肩宽＞臀宽＞腰宽＞颈宽。

❸ 左右两侧相互对称。

贵宾犬拉姆装俯视图，见图2-1-1-16。

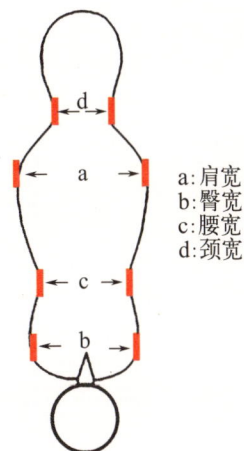

5.绘图后填写实施单强化标准要求，将图片与实施单（见工作手册）和任务实施中的图片对照修正。

🐾 **任务评价**

依据考核单（见工作手册）评价画图效果和素质目标达成情况，反复绘制，提高绘图速度和质量。

图 2-1-1-14　正望图

图 2-1-1-15　后望图

a:肩宽
b:臀宽
c:腰宽
d:颈宽

图 2-1-1-16　俯视图

任务 2-1-2　拉姆装修剪

🐾 知识目标

1. 理解贵宾犬品种标准、身材比例与拉姆装之间关系。
2. 明确拉姆装剃剪部位与要求。
3. 阐述拉姆装修剪流程。

🐾 能力目标

1. 能评价模特犬身材比例结构，制定修剪方案。
2. 能在 2h 30min 内完成 1 只贵宾犬拉姆装的修剪（剃剪部分要求 15min 内完成）。
3. 能灵活运用造型曲线掩盖模特犬本身缺陷，凸显贵宾犬品种优势。

🐾 素质目标

1. 安全防护：运用科学的运剪方向和正确的美容保定方法，保障宠物与自身安全。
2. 审美能力：理解拉姆装所体现的犬种特征和线条美，培养鉴赏美、创造美的能力。
3. 工匠精神：精细打磨拉姆装作品，发扬精雕细琢、精益求精的工匠精神。

🐾 对应标准

《中国小动物技能大赛宠物美容专赛赛制和技术规程》;《宠物美容与护理职业技能评价规范》，宠物美容（中级）;《宠物美容职业技能等级》，宠物美容（中级）。

中国小动物
技能大赛宠物
美容专赛赛制
和技术规程

🐾 适应岗位

宠物美容师助理、宠物美容师、美容主管。

🐾 任务资讯

1.贵宾犬拉姆装的介绍

拉姆装在贵宾犬的美容领域中是一种常见且实用的造型，也是 C 级与 B 级宠物美容师考级鉴定造型。拉姆装的修剪是学习宠物造型修剪的基础，是磨炼剪刀基本功、理解线条的第一步，造型修剪要注意整体比例协调性，符合贵宾犬高傲的气质。

2.贵宾犬拉姆装的立体分割模型

立体分割模型从三维角度清晰体现拉姆装各部分比例，点、线、面之间关系，平面与包圆面位置，确保修剪的造型既美观又符合标准，为初学者修剪拉姆装提供实用的参考依据。

🐾 任务准备

电剪、40 号刀头、直剪、排梳、针梳、拉姆假毛、模型骨架、贵宾犬（洗护完毕，被毛拉直，足底毛、腹底毛、肛周毛剃剪完成）。

🐾 任务实施

1.模特犬结构检查

观察模特犬自身各部位被毛长度，触摸胸部、臀部后侧、肩胛、背部等部位骨骼，结合任务 2-1-1 拉姆装绘图思考后肢后侧、前胸、背部、腿部、头冠等部位留毛长度以确保拉姆装整体比例协调。

2.电剪剃剪

（1）安装电剪刀头

给电剪安装 40 号刀头用于拉姆装所有剃剪部位的剃剪。

（2）剃剪面部与前胸"V 领"

将犬内眼角剃成倒"V"形，"V"的尖点不超过犬上眼睑。将外眼角与上耳根、下耳根与喉结下 2cm（此为体形标准犬的位置，

贵宾犬拉姆装
介绍

贵宾犬拉姆装
立体分割图

犬的洗澡

被毛吹干与拉毛

贵宾犬拉姆装
电剪剃剪

具体位置视犬的具体条件在喉结与胸骨端之间进行调整）左右做连线，电剪逆毛将连线范围内毛剃光，两侧下耳根至喉结下 2cm 剃成"V领"（见图 2-1-2-1）。

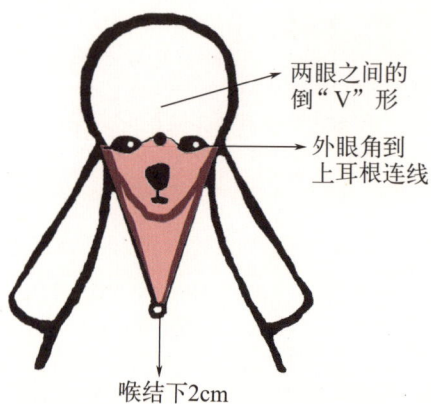

图 2-1-2-1 面部与前胸"V领"剃剪示意图

图中标注：
- 两眼之间的倒"V"形
- 外眼角到上耳根连线
- 喉结下2cm

（3）剃剪尾根

用电剪逆毛将尾巴上被毛从距离尾根 2~3cm 处剃至尾根，见图 2-1-2-2。尾根前端逆毛剃倒"V"形，倒"V"边长与尾根宽度相等，组成正三角形，见图 2-1-2-3。

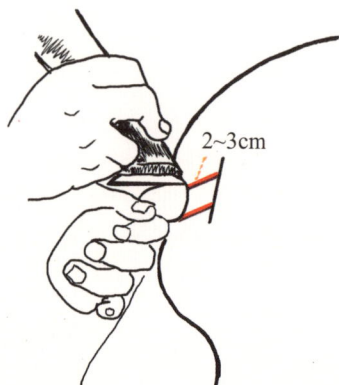

图 2-1-2-2 尾巴上被毛剃剪示意图

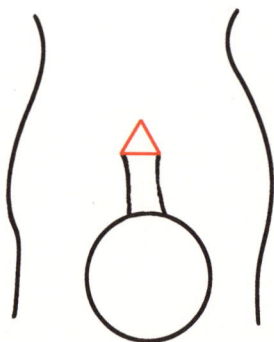

图 2-1-2-3 尾根前端剃剪示意图

（4）剃剪脚部

用电剪逆毛将掌骨沿线以下被毛全部剃光，脚垫完全暴露。

（5）剃剪后填写实施单（见工作手册）中的电剪剃剪部分强化剃剪界线，检查剃剪效果，记录剃剪时间。

3.粗胚修剪

（1）修剪脚圈

使用直剪，先闭合深入脚部再张开修剪，修剪方法同任务 1-2 犬局部基础修剪中的脚圈修剪。前肢前后侧脚圈修剪成 30°，其余部位 45°。修剪至正望可见趾缝。

贵宾犬拉姆装
粗胚修剪

（2）修剪股线与背线确定体高

❶ 扶起犬尾巴，以尾巴为中线，分左右两部分逐一将尾根前侧至坐骨端修剪与水平成 30° 平面。

❷ 直剪由后向前水平或倾斜 15° 向前修剪至体长后 1/3 处停止，不过度向前以免影响后续颈线与背线连接。修剪背线后侧望确定犬的体高。

（3）修剪后肢后侧上 1/3 与前胸确定体长

❶ 将犬坐骨端至地面高度 3 等分，上 1/3 高度修剪成垂直于地面的平面。

❷ 正望，直剪沿 "V" 领向外左右对称倾斜 45° 修剪 1 排梳宽度。侧望，垂直修剪前胸最饱满处，最前端位于坐骨端延长线上，且不超过口吻的 1/2。直剪向下倾斜 45° 修剪至肘关节上 1cm 处，为胸部最低点。

（4）对照模特犬填写实施单中的粗胚修剪部分，检查修剪点位与角度是否正确。侧望调整被毛长度，使模特犬身体呈正方形（体长与体高近似相等）。

4.精修

（1）修剪后躯

❶ 后肢后侧。使用直剪将犬坐骨端至脚圈高度的上 1/3 垂直修剪平整，中间 1/3 位置刀柄 45° 划弧线修剪至飞节上方 1~2cm 处，下 1/3 处刀柄垂直修剪，与脚圈连接（见图 2-1-2-4）。

❷ 后肢外侧。直剪先定臀部宽度，大约为后肢长度的 1/2，从臀部向下向外侧倾斜约 15° 修剪斜面。后望后肢外侧修剪成 "A" 形。

❸ 后肢内侧。与外侧平行修剪，两后肢宽度一致。

拉姆装后躯修剪

尾根前侧
坐骨端
45° 弧线
飞节上方 1~2cm 处
飞节

图 2-1-2-4　后肢后侧修剪示意图

（2）修剪前躯

❶ 前胸。使用直剪将粗胚修剪的前胸各切面去棱修圆，呈现出圆润饱满的外形。

❷ 前肢前侧。沿胸部最低点向下垂直修剪前肢前侧，侧望前肢前侧在上耳根延长线附近，前肢前侧与脚圈连接。

❸ 肩部。正望，身体下蹲，视线与肩部水平，在两侧肩部修剪一个平面确定肩部宽度。肩部比臀部稍宽，肩部最宽的位置定于胸骨端与坐骨端连线上（简称肩线）。从肩线开始向下垂直修剪平面。

❹ 前肢内侧。将胸底部多余被毛按照胸部轮廓修剪干净。前肢内侧向下垂直修剪，连接脚圈。两前肢之间修剪出宽 1～2cm 的缝隙。

❺ 前肢外侧。正望，与肩部在同一平面上，与内侧平行修剪。

拉姆装前躯修剪

（3）修剪中躯

❶ 前肢后侧。侧望，按照犬肩胛骨上缘至肘关节的距离与肘关节至地面的距离相等的关系确定前肢后侧起始点，按照前胸至前肢后侧水平距离（前躯）、前肢后侧至腰线水平距离（中躯）、腰线至臀部后侧水平距离（后躯）相等的关系确定留毛长度（见图 2-1-2-5）。确定好前肢后侧起始位置使用直剪垂直向下修剪，连接脚圈。

拉姆装中躯修剪

图 2-1-2-5　前肢后侧修剪依据

❷ 后肢前侧。从腹线的终点向后肢前侧脚圈做弧形连接，修剪出膝关节弧度并与后侧弧线平行。调整前肢后侧、腹线及后肢前侧长短与位置，使中躯与前后躯宽度相近。

❸ 中躯侧面。肩部垂直修剪后直剪向内倾斜 15° 修剪至腰部前端，腰部处于体

长的后 1/3 处，一般在最后一根肋骨与后腿前侧肉身之间。若体长过长，腰部最深处向前移。刀尖向上在腰部前端向最深处画弧形修剪出弧面。直剪修剪过腰后，刀柄倾斜 45° 与后肢外侧相连（见图 2-1-2-6）。

❹ 腹线。沿肘关节向后先修剪一段平面，然后向最后一根肋骨与后肢前侧褶皱部之间（具体根据犬的实际身长比例进行调整）倾斜约 30° 修剪斜面，最后将下腹部与侧腹部弧形衔接，形成向上倾斜内收的腹线。

（4）修剪头颈部

❶ 头冠 侧望使用直剪从两内眼角眼连线处向上向外成 45° 修剪斜面，刀柄继续垂直修剪额段被毛，头顶修剪平面，侧望额段被毛最饱满处不超过口吻 1/2。刀柄倾斜 45° 向头顶连接。侧望眼睛至头顶与至喉结垂直距离相等（见图 2-1-2-7）。

直剪置于外眼角外 0.5cm 处刀柄倾斜 45° 修剪两侧冠毛，向上垂直修剪，再向上倾斜 45° 修剪与头顶相连，去棱包圆，修剪整个冠毛成冰淇淋底座形状（见图 2-1-2-8）。

❷ 颈部。沿耳后过渡颈线，俯视头部为鸭蛋形。俯视头部向颈部逐渐修剪细长以突出头冠被毛的华丽，见图 2-1-2-9。颈部侧望与冠毛连接过渡，颈部延长线与后肢前侧在一条直线上，见图 2-1-2-10 标红色线处。

图 2-1-2-6　腰部修剪示意图

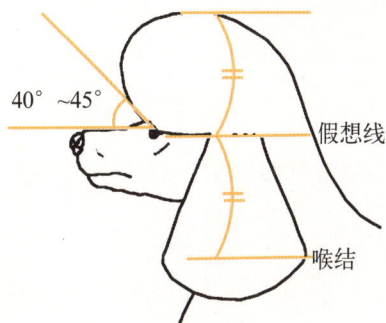

拉姆装头颈部与尾球修剪

图 2-1-2-7　侧望头冠修剪示意图

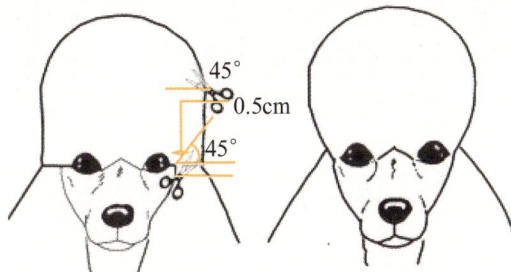

图 2-1-2-8　正望头冠修剪示意图

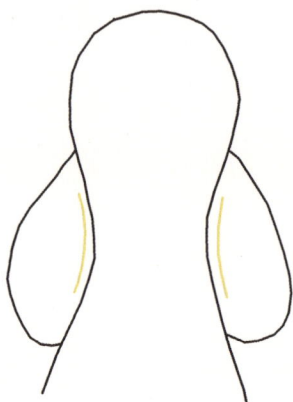

图 2-1-2-9 颈后俯视修剪示意图   图 2-1-2-10 颈部延长线与后肢前侧在一条直线上

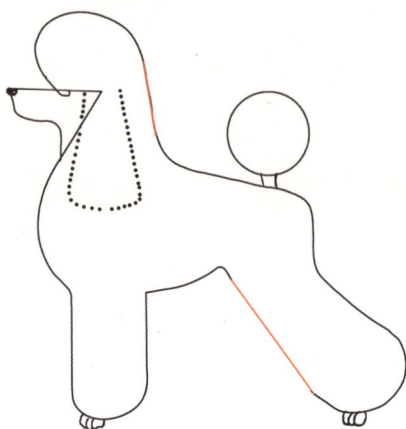

❸ 耳朵。侧望修剪成扇形，长度不超过坐骨延长线。

（5）修剪尾球

使用直剪将尾球修剪成球形，尾球最高点不超过外眼角延长线。

（6）整体精修

参考贵宾犬拉姆装的立体分割模型中的平面与包圆面关系进行包圆，参考贵宾犬拉姆装整体精修视频中的运剪方向，按照各部位比例关系做整体精修，将线条修剪流畅，各部分连接自然，修剪平整圆润，整体对称、协调。侧望、俯视、正望、后望精修效果见图2-1-2-11。

贵宾犬拉姆装
整体精修

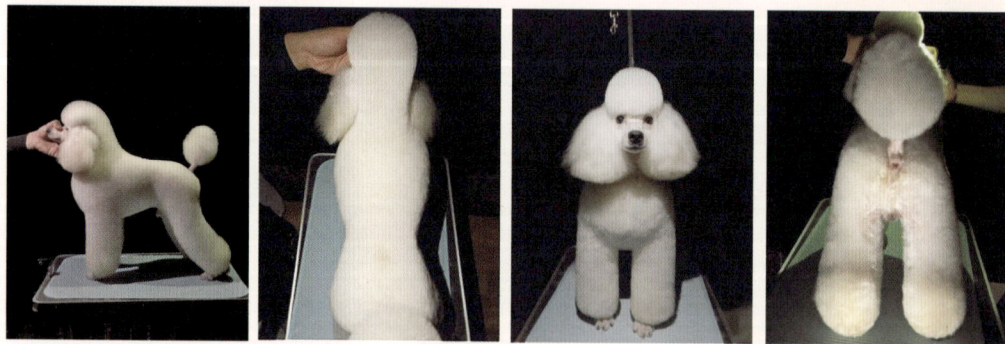

侧望修剪效果   俯视修剪效果   正望修剪效果   后望修剪效果

图 2-1-2-11 精修效果

（7）边修剪边填写实施单（见工作手册）强化各部位修剪标准，记录修剪时间。进一步对照实施单对拉姆装整体造型比例、平整度、圆润度进行最终检查与修饰。

任务评价

依据考核单（见工作手册）评价拉姆装修剪过程、修剪效果和素质目标达成情况。

任务拓展

贵宾犬宠物装的修剪

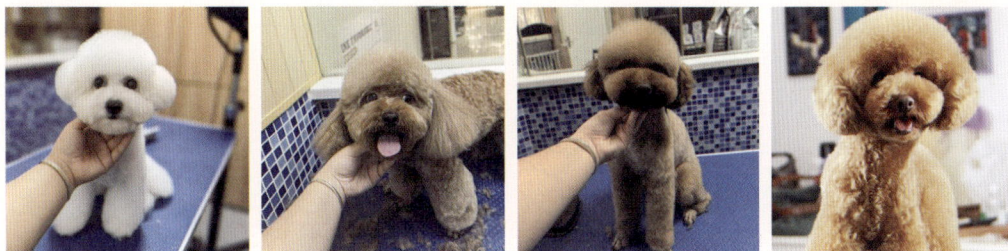

在门店中，常根据宠物主人要求、被毛毛质与毛量和身体比例，设计适合犬种自身条件的造型，称为贵宾犬宠物装，宠物装造型既美观又便于主人打理，见图 2-1-2-12。宠物装腿部不同造型见图 2-1-2-13。

贵宾犬宠物装修剪

图 2-1-2-12　贵宾犬宠物装造型

| 正望圆柱腿造型 | 侧望圆柱腿造型 | 正望喇叭腿造型 | 侧望喇叭腿造型 |

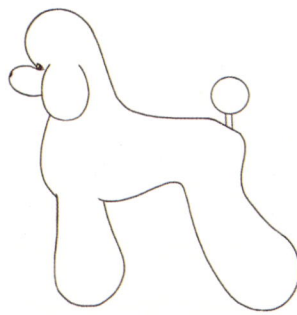

图 2-1-2-13　宠物装腿部不同造型图

任务 2-2

比熊犬宠物装修剪

🐾 知识目标

1. 理解比熊犬品种标准。
2. 阐述比熊犬修剪流程。

🐾 能力目标

1. 能按照品种标准绘制比熊犬造型图。
2. 能评价模特犬身材比例结构，制订修剪方案。
3. 能在 2.5h 内完成 1 只比熊犬的修剪。
4. 能通过造型设计与修剪掩盖模特犬缺陷，凸显比熊犬品种优势。

🐾 素质目标

1. 安全防护：运用科学的运剪方向和正确的美容保定方法，保障宠物与自身安全。
2. 审美能力：在反复修剪中感受通过线条轮廓的变化体现出比熊犬的品种标准与憨态可掬的形象。
3. 工匠精神：通过反复打磨，提高修剪作品的圆润度与精细度，培养精益求精的工匠精神。

🐾 对应标准

《宠物美容与护理职业技能评价规范》，宠物美容（高级）;《宠物美容职业技能等级》，宠物美容（高级）。

宠物美容师、美容主管、前台、店长。

🐾 **任务资讯**

[二维码图]
比熊犬品种标准

1. 比熊犬品种标准

根据 FCI 比熊犬品种标准，总结归纳出比熊犬品种标准信息档案见表 2-2-1。

表 2-2-1　比熊犬品种标准信息档案

起源	16 世纪比熊犬被从意大利带到法国，由原来的中型犬改良为现在的小型犬。由于它看起来像小型巴贝特犬，因此被命名为"巴比熊"（意为小巴贝特），后简称为"比熊"。比熊犬名字起源于法文"Bichon Frise"，"Bichon"是可爱或小宝贝的意思，而"Frise"则描述了它们卷曲的被毛	
用途	伴侣犬	
行为秉性	温和而守规矩，适应力强，容易满足。卷在背后的尾巴与好奇的眼神能体现出其欢快的气质	
外貌特征	体形	体高 25～29cm。体重约 5kg，与尺寸成正比。体长与体高比例为 5：4。胸深大约为体高的 1/2。体质紧凑，骨量中等
	头部 眼睛	黑，圆形，不突出，眼圈色素为全黑，向前看时不露眼白
	耳朵	下垂，耳廓的长度能延伸至口吻中部
	颅部	头盖骨平坦，但头部被毛使其外观呈圆形。头骨占整个头部长度的 3/5。有额段但不明显
	吻部	底部宽，粗细适中，口吻占整个头部长度的 2/5
	鼻子	圆、黑色
	牙齿	剪状咬合为佳，水平咬合也可
	颈部	较长，无垂肉，高高昂起。头骨附近圆且细，至肩部逐渐变宽。与肩自然连接。长度约为体长的 1/3
	躯干	背线水平。胸部发达，宽度允许前肢自由、无拘束运动。胸部最低点至少能延伸至肘部。前胸非常明显，且比肩关节略向前突出。下腹曲线适度上提

外貌特征	四肢	前肢	前臂与腕部既不能呈弓形，也不能弯曲。系部侧望略微倾斜。脚垫必须是黑色，趾甲黑色为佳
		后肢	肌肉发达，大腿与小腿几乎等长，跗关节位置低且明显
	尾部		不断尾，尾根略低于背线。尾部举起，优雅卷于背后。尾巴末端在不考虑被毛情况下不碰到犬的背部，尾巴被毛可能落在背上。运动时，尾巴不能下垂
	被毛	毛质	被毛蓬松有立体感。外层毛形成松散的螺旋状被毛（弯曲的结构）。底毛柔软而浓厚
		颜色	纯白。12月龄前，被毛可能略带米色（或香槟色），但不能超过整体的10%
步态			小跑动作舒展、头部高高昂起，前躯伸展轻松，后肢驱动有力，背线保持稳固，尾巴弯曲于后背
缺陷			过大或过分突出的眼睛、杏仁状眼睛及歪斜眼睛均属缺陷。尾巴位置低、举到与后背垂直的位置或向后下垂均属于严重缺陷。螺旋状尾巴属于非常严重的缺陷。成熟个体身上白色以外的颜色超过被毛总数的10%属于缺陷，但幼犬身体上出现浅黄色、奶酪色或杏色等允许的颜色不属于缺陷

2.比熊犬造型图

比熊犬修剪目的是利用犬身体带有的自然线条，使整体圆润饱满。为了突出比熊犬品种特征，其正望、后望、侧望和俯视造型图分别见图2-2-1～图2-2-4。

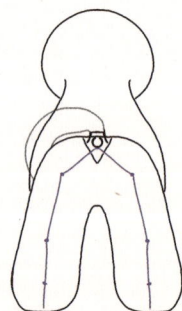

图2-2-1 正望图

图2-2-2 后望图

图2-2-3 侧望图

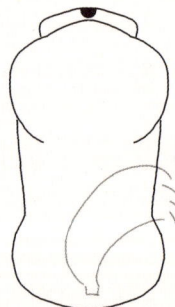

图2-2-4 俯视图

🐾 任务准备

直剪、排梳、小电剪、针梳、比熊犬假毛、模型骨架、比熊犬（洗护完毕，被毛拉直，足底毛、腹底毛、肛周毛剃剪完成）。

🐾 任务实施

1. 模特犬结构检查

观察模特犬自身各部位被毛长度，触摸胸部、臀部后侧、肩胛、背部等部位骨骼，结合比熊犬品种标准思考后肢后侧、前胸、背部、腿部、头冠等部位留毛长度以确保整体比例协调。

比熊犬粗胚修剪

2. 粗胚修剪

（1）修剪脚圈

使用直剪，先闭合深入脚部再张开修剪，修剪方法同任务 1-2 犬局部基础修剪中的脚圈修剪。后肢后侧脚圈 45°，其余部位修剪 15°～20°。

（2）修剪尾根

提起尾巴，从尾根处开始，沿尾巴一周贴近皮肤修剪一条宽度为 2cm 左右的环形带，分开背部与尾巴被毛。

（3）修剪股线和背线确定体高

❶ 尾根前侧至坐骨端倾斜 30°～45° 修剪出股线，具体角度视模特犬体高与体长比例而定。与品种标准相比，体高与体长比例越大，则倾斜角度越大。

❷ 从尾根前侧水平修剪背线至体长的后 1/3 处。

（4）修剪后肢后侧与前胸确定体长

❶ 用直剪从坐骨端向膝关节倾斜约 15° 修剪平面。

❷ 喉结至胸骨端垂直修剪平面，胸骨端至肘关节方向剪刀向下倾斜 45° 修剪，确定胸部最低点。

（5）修剪肩部

肩部至前肢外侧垂直地面修剪，肩宽略大于臀部宽度或与臀部宽度相等。

（6）修剪中躯

❶ 从肩部向身体侧面平行修剪，在最后一根肋骨附近向内倾斜 5° 修剪出腰部弧面，腰部最深处位于体长后 1/3 处，之后向外 5° 转出与后肢前侧连接，俯视腰部比肩部与臀部略窄，但不过分明显（见图 2-2-5）。

图 2-2-5　腰部修剪示意图

❷ 按照侧望从肘部至肩胛骨上缘与至地面垂直距离相等的关系确定腹线起始位置，刀尖逐渐向上将腹线修剪成前低后高倾斜 15° 的线条。

（7）修剪调整被毛长度，体长、体高、背长（肩胛骨上缘至坐骨端的距离）的比例为 5 : 4 : 3。

（8）粗胚修剪后填写实施单（见工作手册）强化各部位比例标准，记录修剪时间。

3.精修

（1）精修前躯

❶ 前肢。用直剪将前肢修剪成圆柱体，连接脚圈。前肢外侧与肩部在同一平面。

❷ 前胸。用直剪将粗胚修剪后的前胸去角包圆，从前胸向肩部平缓过渡。

（2）精修中躯

❶ 腹线。从肩部向腹部平滑过渡，精修腹线，侧望前低后高倾斜约 15°，将下腹部与腋下多余被毛修剪干净，不影响整体造型。

❷ 从肩部向中躯平行修剪，至腰部修剪不过分明显的弧面，后与臀部相连。曲面平滑，衔接自然。

比熊犬身体与四肢精修

（3）精修后躯

❶ 后肢后侧。 坐骨至膝关节以下向
内倾斜约 15° 修剪斜面，膝关节至飞节
上方倾斜约 45° 修剪斜面，在膝关节处
从上到下转动手腕修剪，使两个斜面自
然衔接形成膝窝，飞节附近垂直修剪后
与脚圈 45° 连接。坐骨至膝窝与膝窝至
飞节距离相等（见图 2-2-6）。

❷ 后肢内侧与外侧。 后肢外侧从上
至下剪刀稍向外倾斜修剪，内侧与外侧平行。

图 2-2-6　后躯后侧修剪示意图

❸ 将臀部和后肢各个侧面做弧形衔接修剪，修剪成自然衔接的曲面，呈现圆润
饱满的造型。

❹ 后肢前侧。 从腹线的终点向后肢前侧脚圈做弧形连接，修剪出膝关节弧度并
与后侧弧线平行。

（4）精修头颈部

❶ 颈线。 确定颈线与背线连接点在体长后 1/3 位置后，以此为
起点沿颈部向上修剪，边修剪边侧望，修剪颈线与水平方向成 45°。
从肩部向颈部方向过渡修剪颈线，颈部、肩部，与身体侧面自然
连接。

❷ 眼周。 比熊的眼周修剪成"M"形，眼睛上方被毛向下梳
理，分层修剪。修剪第 1 层，直剪置于两内眼角眼连线处，刀尖
分别向左右外眼角（见图 2-2-7）倾斜剪掉多余被毛。两眼睛中间
被毛平行修剪，将此平行线与前面的斜
线之间的交叉处修剪圆滑。第 2 层修剪
方法相同，留毛长度比第 1 层略长，逐
层修剪将两眼之间弧线相连，正望与上
望额段被毛均成弧形。将比熊眼睛周
围修剪成"M"形。眼睛有深陷入被毛
之感。

❸ 头部外轮廓。 头部正望，以两眼
之间为中心，修剪成圆形（见图 2-2-8），
上下左右对称，或上部稍宽稍高，将耳
朵包裹于头部之中。

比熊犬头颈部
精修

图 2-2-7　眼周修剪

找到耳朵边缘，从下颌向耳朵方向做弧形修剪，于耳朵后方"A"点处分开头部与颈部线条（见图2-2-9）。从脸颊向耳朵包圆。

❹ 唇线与口吻。用电剪将与鼻镜同宽的上唇被毛剃干净。下唇毛向下梳理，与下颌弧形连接。

❺ 视线拉远精修头部。视线拉远，精修各个线条，正面看成圆形，侧望头顶到下颌最低点和鼻头到枕骨距离相近，头部整体线条圆滑。

❻ 连接头颈部。头顶至枕骨处包圆修剪。从枕骨向后倾斜约45°修剪颈部后侧，连接头与背部，精修侧面颈线，见图2-2-9颈部线条。

（5）记录修剪时间

进一步对照实施单（见工作手册）对比熊犬造型比例、平整度、圆润度进行最终检查与修饰。

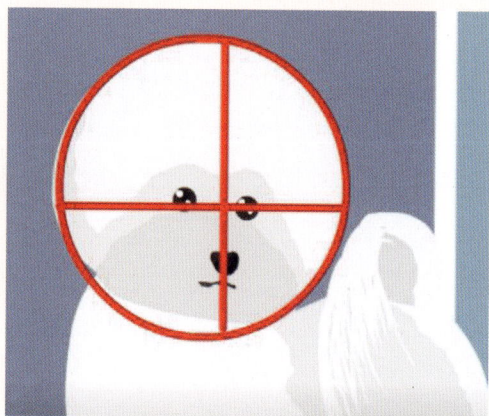

图2-2-8　头部正望

图2-2-9　侧望下颌弧线

🐾 任务评价

依据考核单（见工作手册）评价修剪过程、修剪效果和素质目标达成情况。

任务 2-3

雪纳瑞犬宠物装修剪

知识目标

1. 归纳雪纳瑞犬品种标准。
2. 明确剃剪与修剪假想线位置。

能力目标

1. 能结合模特犬自身特点，制订修剪方案。
2. 能在 1.5h 内完成 1 只雪纳瑞宠物装修剪。

素质目标

1. 审美能力：在反复修剪过程中理解线、面和层次体现出的精美造型，培养审美能力。
2. 服务意识：通过使用不同修剪工具对犬各部位的精细修剪，增加对犬种标准、个体条件和修剪方法的理解，培养针对不同犬设计不同造型的能力，提高服务意识。

对应标准

《宠物美容与护理职业技能评价规范》，宠物美容（高级）;《宠物美容职业技能等级》，宠物美容（高级）。

适应岗位

宠物美容师、美容主管、前台、店长。

1.雪纳瑞犬品种标准

根据 FCI 雪纳瑞犬品种标准，总结归纳出雪纳瑞犬品种标准信息档案见表 2-3-1。

表 2-3-1　雪纳瑞犬品种标准信息档案

起源			原产于德国，是㹴犬中唯一不含英国血统的品种。巨型雪纳瑞最初在德国南部被用于驱赶牛群，于 1925 年被正式认定为工作犬。标准雪纳瑞被称为"捕鼠能手"，迷你雪纳瑞出现在 19 世纪与 20 世纪交接之际的法兰克福地区，具备与标准雪纳瑞一样的外貌与特质	
用途			看守犬、伴侣犬、工作犬	
行为秉性			聪明、无畏、易训练、耐力与速度俱佳、对主人忠诚	
外貌特征	体形	总体外形	方形身材，体高几乎等于体长，健壮有力，充满警惕与敬畏	
		标准分类	巨型	体高 60～70cm，体重 35～45kg
			标准型	体高 45～50cm，体重 14～20kg
			迷你型	体高 30～35cm，体重 4～8kg
	头部	眼睛	中等大小，椭圆形，深色，表情生动	
		耳朵	垂耳，呈 V 字形，耳朵内侧紧贴面颊，对称，向前折向太阳穴	
		颅部	头部结构紧实、长、呈矩形，头长是背线长度（从肩胛骨至尾根部的长度）的 1/2。前额平坦无褶皱，与鼻梁平行，额段浅且平	
		吻部	末端呈钝楔形，鼻梁直，嘴唇黑色，紧实	
		鼻子	鼻镜大，黑色且丰满	
		牙齿	完美的剪状咬合	
	颈部		结实、肌肉发达，呈优美的弧线，与肩胛骨连接平滑顺畅。强壮但不过度，弧线优美，与其力量协调。喉部皮肤干燥无褶皱	
	躯干		背线从肩胛骨向后稍微下倾。胸骨尖端明显，宽度适中，呈椭圆形。腰部强壮，短而深，肌肉发达。腹部略向上收，与胸腔下侧形成优美弧线	

外貌特征	四肢	前肢	肩胛骨紧靠胸腔，两侧肌肉发达，向后倾斜，与水平呈 50°。前肢笔直，上肢肌肉发达，肱骨与肩胛骨呈 95°～105°
		后肢	侧望倾斜站立，后望相互平行不紧靠一起。膝关节至飞节线条与颈部平行，飞节垂直于地面。脚趾紧密，脚垫厚实抗磨。趾甲短，黑色
	尾部		自然，呈镰刀状为佳
	被毛	毛质	刚毛紧密粗硬，主要分布在背部与颈部，绒毛稍软，主要分布在脸部、四肢及下腹部。口吻胡须不过软，眉毛浓密稍微遮住眼睛
		颜色	纯黑色带黑色底毛；椒盐色，即黑色混合不同深浅的灰色。理想椒盐色被毛色素沉淀好，中等灰色遍布全身。面部颜色深，以强调表情。理想的黑色标准雪纳瑞为真正的纯色，全身无任何可见的灰色等颜色
步态			灵活、优雅、轻快、自如、步幅大。前肢应尽可能向前摆动，后肢蹬地有弹性，提供所需驱动力
缺陷			头过小、过短；头骨过重或圆；前额有褶皱；眼睛颜色浅，过大或圆；耳朵位置低，过长或不对称；颈部有赘肉，背部过长，拱起；口吻短，尖或狭窄，钳状咬合；被毛过短、过长、柔软、波状、杂乱、丝滑、白色、有斑点或其他杂色，褐色底毛；椒盐色犬背部呈黑色均属于缺陷

2.电剪刀头的选择

雪纳瑞犬宠物装修剪分为电剪剃剪与剪刀修剪两部分，两部分之间在身体上的连接处称为假想线，电剪剃剪部分可以根据主人的需要选择不同型号的刀头，身体部位一般常用 5 号、7 号和 10 号刀头。若犬的四肢和"裙边"饰毛足够长可以选择小号刀头，留毛长，反之则需要选择大号刀头才能体现出层次感和被毛的装饰作用。但是不能选择大于 10 号的刀头，留毛过短使皮肤失去被毛的保护作用。赛级装假想线与宠物装相同，对应的电剪剃剪部位需要用拔毛刀处理底绒与刚毛。

🐾 任务准备

电剪、40 号刀头、10 号刀头、直剪、弯剪、牙剪、排梳、雪纳瑞犬（洗护完毕，被毛拉直，足底毛、腹底毛、肛周毛剃剪完成）。

任务实施

1.模特犬结构检查

观察模特犬自身各部位被毛长度，触摸胸部、臀部后侧、肩胛、背部等部位骨骼，结合雪纳瑞犬品种标准与剃剪界线图确定身体剃剪界线，以确保整体比例协调。

2.电剪剃剪

（1）安装电剪刀头

安装 40 号刀头剃剪后肢内侧与耳朵，安装 10 号刀头剃剪其他部位。

（2）剃剪身躯

❶ 剃剪后背。使用 10 号刀头，从枕骨沿脊柱顺毛剃剪（电剪运剪方向与毛流方向平行）至尾根，尾巴被毛剃光。若特殊造型需要留背部被毛做"鬃毛"，则鬃毛留至背部 1/2 处。

❷ 剃剪身体侧面。使用 10 号刀头沿下耳根边缘顺毛剃至肘关节上 1cm 处。肘关节至腰窝（后肢前侧褶皱部位）以上身躯被毛顺毛剃净，以下留"裙边"饰毛，侧望剃剪界线见图 2-3-1。

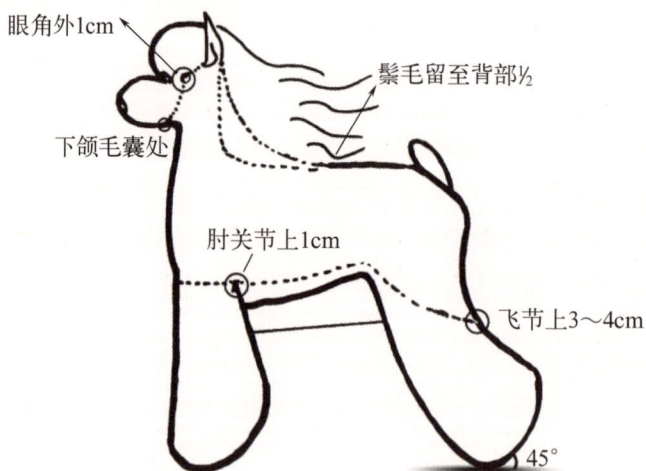

图 2-3-1　侧望剃剪界线图

❸ 剃剪后肢。使用 10 号刀头从腰窝弧线顺毛剃至飞节上 3～4cm 处，以飞节上 3～4cm 处为对称点，使用 40 号刀头向后肢内侧逆毛剃剪，将后肢剃成后望"V"形，见图 2-3-2。

❹ 剃剪前胸。使用 10 号刀头从下颌顺毛剃至胸骨端毛流方向改变、毛色分界处见图 2-3-3，也可在胸骨下一指剃一条水平线。

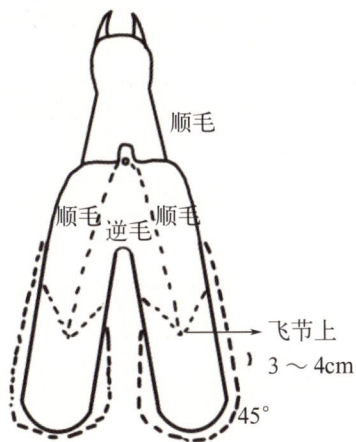

图 2-3-2　后望剃剪界线图

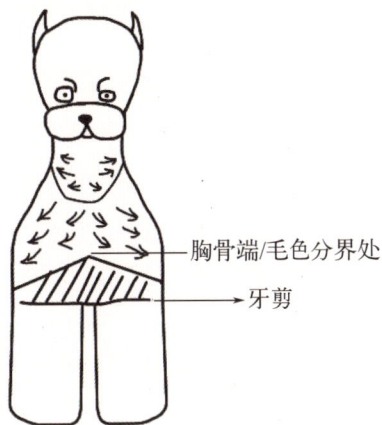

图 2-3-3　前胸剃剪界线图

（3）剃剪头部

❶ 使用 10 号刀头从上耳根至外眼角连线剃齐，外眼角外 1cm 处至下颌毛囊处（见图 2-3-4）弧线连接，连接线以下逆毛剃净，剃剪界线见图 2-3-5。

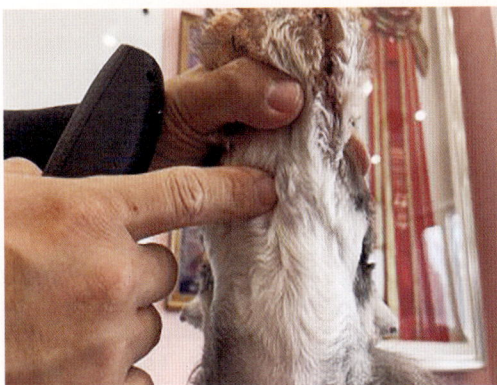

图 2-3-4　下颌毛囊

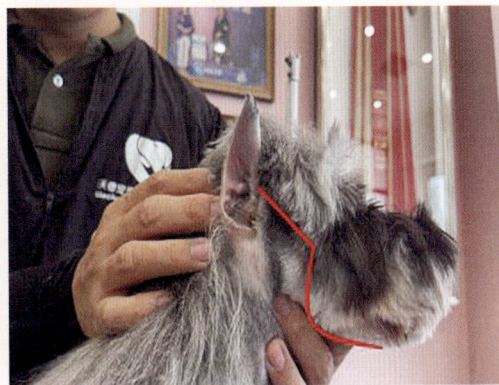

图 2-3-5　剃剪界线

❷ 使用 40 号刀头电剪从耳根顺毛剃至耳尖，将耳朵内外侧、耳廓及耳根周围毛剃净。剃剪时注意控犬并用手托住耳朵，尤其小心耳朵边缘位置，以免剃伤。雪纳瑞犬电剪剃剪视频中的前胸剃剪是在胸骨端下一指剃水平线，作为宠物装修剪也被允许，视频中的头部剃剪是从眉骨到枕骨被毛剃净的操作，可以用于不留头顶被毛操作的参考。

（4）边剃剪边填写实施单（见工作手册）强化剃剪要求，剃剪后对照实施单检查雪纳瑞剃剪界线是否清晰、正确，记录剃剪时间。

3.剪刀修剪

（1）修剪前躯

❶ 修剪前胸。仔细观察毛流方向，使用牙剪顺毛修剪，同电剪修剪部分衔接自然。将前胸"裙边"饰毛修剪整齐，"裙边"饰毛至两腿之间的被毛修剪整齐。

❷ 修剪脚圈。使用直剪将前脚脚圈修剪成与地面成25°～45°的弧形。

❸ 修剪前肢。使用直剪将前肢垂直修剪成圆柱形，也可根据宠物主人需求修剪成上略细下略粗的喇叭形，连接前肢与脚圈。使用牙剪修剪衔接肘关节上方剃剪部位。

雪纳瑞犬身体与四肢修剪

（2）修剪中躯

用排梳将身体侧面"裙边"饰毛向下梳理通顺，用直剪修剪整齐。

（3）修剪后躯

❶ 修剪脚圈。使用直剪将后脚脚圈修剪成与地面成25°～45°的弧形。

❷ 修剪后肢。使用牙剪顺毛流方向修剪后躯电剪剃剪位置，使被毛衔接自然。使用排梳将后肢前侧与外侧被毛沿毛流生长方向梳理。后肢前侧从腰窝到膝关节到脚尖弧形衔接，修剪出膝关节的弧度，下毛量少。后肢外侧不做过多修剪，将多余杂毛剪掉即可。后肢后侧垂直修剪飞节，根据后肢和脚圈被毛长度确定留毛长度，向下与地面成45°连接至脚圈。后肢内侧与外侧平行，修剪与脚圈相连。

（4）修剪头部

❶ 使用直剪或弯剪将头部剃剪痕迹修剪干净，剃剪分界线清晰可见。

❷ 刀柄平贴内眼角将两内眼角之间的杂毛剪掉。

❸ 修剪嘴圈。使用直剪或弯剪垂直于两内眼角所在的平面修剪，分开上颌与头部被毛（见图2-3-6）。下颌毛由内向外逆毛剪短。正望下颌两侧分别向上倾斜45°修剪出弧度，上颌两侧向下修剪一定弧度，角度小于下颌，修剪成圆滑整齐的"微笑"嘴圈弧度（见图2-3-7）。

雪纳瑞犬萌系头型修剪

❹ 修剪头顶。使用牙剪小心分离出睫毛，剪刀贴于眼线向外倾斜45～60°修剪眼睛上方斜面（见图2-3-8）。额段最突出位置留出预想额段被毛长度，刀柄垂直修剪（见图2-3-9）。从额段转至眉骨，以饱满的弧度修剪，再从眉骨正上方转向枕骨，侧面看头的弧度，眉骨正上方是最高点。

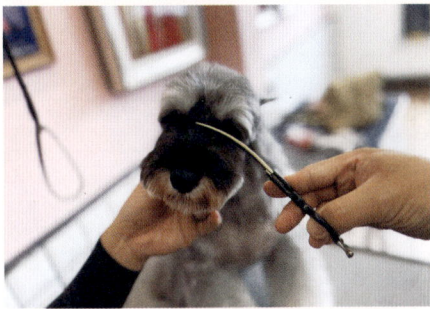

图2-3-6　分开上颌与头部被毛

图2-3-7　嘴圈弧度

45°～60°

图2-3-8　修剪眼睛上方

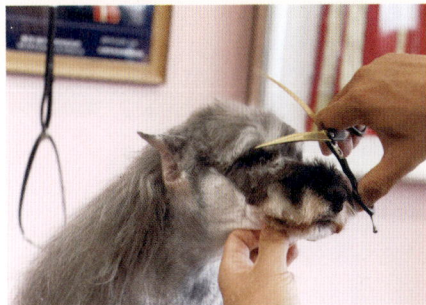

图2-3-9　垂直修剪额段

❺ 修剪唇线。按照唇部本有的弧度修剪上颌唇部被毛，修剪时捏住上下颌，防止剪伤舌头。

❻ 精修头部。使用牙剪从下颌向上不断做弧形精修嘴圈，修剪嘴圈正面时剪刀要平行于毛流生长方向（见图2-3-10），再用直剪或弯剪修剪嘴圈及整个头部多余杂毛，形成饱满、圆润、精致的头部造型。

图2-3-10　剪刀与毛流方向平行

雪纳瑞犬萌系头型修剪视频中的头部修剪是从眉骨到枕骨被毛剃净的操作，可以用于不留头顶被毛修剪的参考。

（5）边修剪边填写实施单（见工作手册），强化修剪要求。修剪后对照实施单检查操作是否正确，记录修剪时间。

🐾 任务评价

依据考核单（见工作手册）评价雪纳瑞宠物装修剪，重点考核剃剪操作、剃剪界线确定与整体修剪效果。

任务 2-4

博美犬俊介装修剪

🐾 知识目标

1. 结合博美犬品种标准理解俊介装正望、侧望、后望、俯视图。
2. 阐述俊介装修剪流程。

🐾 能力目标

1. 能结合模特犬自身特点，制定俊介装修剪方案。
2. 能在 1.5h 内完成 1 只博美犬俊介装的修剪。

🐾 素质目标

1. 审美能力：通过结合博美犬外型特点和被毛品质修剪个性化造型，培养审美能力。
2. 细心、耐心：博美犬被毛丰厚、性格警惕，需花费更长时间与精力修剪，需保持细心与耐心，与犬只进行良好互动。

🐾 对应标准

《宠物美容与护理职业技能评价规范》，宠物美容（高级）;《宠物美容职业技能等级》，宠物美容（高级）。

🐾 适应岗位

宠物美容师、美容主管、前台、店长。

1. 博美犬品种标准

根据 FCI 博美犬品种标准，总结归纳出博美犬品种标准信息档案见表 2-4-1。

表 2-4-1　博美犬品种标准信息档案

起源	起源于德国波美拉尼亚地区，是德国狐狸犬的后代，起初体形较大，作为牧羊犬与工作犬，由德国东北部地区的普鲁士民族饲养。后经改良成为现代小型玩赏犬。由于原始天性，仍具备看家护院本领		
用途	看守犬、伴侣犬		
行为秉性	外向、活泼、警惕、聪明，头呈狐狸模样，非常容易融入家庭，忠诚于主人，不信任生人。举止轻快、天性好奇。虽属于小型犬种，但遇到突发状况会展现勇敢、凶悍的一面		
外貌特征	体形		方形身材，体高等于体长。体高 18～22cm，体重与尺寸相协调
	头部	眼睛	颜色深且明亮，中等大小，杏仁状，眼睑呈黑色，褐色犬眼睑为深褐色
		耳朵	小巧，直立，位置高，三角形，两耳间距近。鼻尖至两外眼角再至两耳尖均呈三角形
		颅部	俯视底部至鼻尖以楔形逐渐变细。额段明显不突兀
		吻部	小于头长。褐色犬唇为褐色，其他颜色犬唇为黑色
		鼻子	小，圆，黑色，褐色犬鼻子为深褐色
		牙齿	洁白，剪状咬合，水平咬合也可接受
	颈部		中等长度，宽，略呈拱形，与肩紧密连接，使头高昂。喉部无垂肉，被毛丰厚，形成硕大颈毛
	躯干		身躯紧凑。背短，背线水平。胸深，扩张良好。腰短、宽且强壮。腹部仅稍向上收拢
	四肢	前肢	笔直，相互平行，间距宽。肩胛骨长，向后自然倾斜，与肱骨长度相等并呈 90°。肩部与前肢肌肉发达。前脚圆且紧凑，既不内翻也不外展，呈猫足状。褐色犬趾甲与脚掌为暗褐色，其余颜色犬为黑色
		后肢	肌肉发达，至飞节有丰厚被毛覆盖。大腿与小腿长度相等。飞节与地面垂直。后脚小、紧凑，呈猫足状
	尾部		位置高，在背上向前卷曲，根部笔直，紧贴后背，被浓密的被毛覆盖

外貌特征	被毛	毛质	双层被毛，上层被毛长、直、竖立，下层被毛短、厚、呈棉毛状
		颜色	黑色、白色、褐色、橙色、暗灰色、其他颜色（奶油色、奶油灰、橙灰、铁包金色等）。其中黑色犬皮肤与被毛必须是黑色；白色犬被毛为纯白色；褐色犬被毛均为暗褐色
步态			步态骄傲，径直向前，驱动良好，动作连贯有弹性
缺陷			头过于平坦、苹果状，鼻子、眼睑与唇呈肉色，耳朵半竖立，上下颚突出，除了白色博美犬，被毛有明显的白色斑块

2.博美犬俊介装整体造型图

博美犬俊介装源于一只名叫俊介的博美犬在网络上发布的照片，照片中博美犬修剪成精致、可爱的娃娃造型，深受养宠爱好者喜欢，迅速成为博美犬造型的时尚潮流。俊介装的特点是整体圆润，简洁时尚，能突出博美犬的活泼和可爱，其正望、后望、侧望和俯视造型图见图 2-4-1～图 2-4-4。

图 2-4-1 正望图

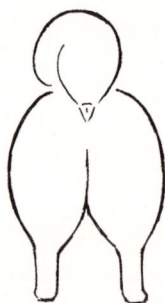

图 2-4-2 后望图

图 2-4-3 侧望图

图 2-4-4 俯视图

🐾 任务准备

电剪、4号刀头、直剪、弯剪、牙剪、针梳、排梳、博美犬（洗护完毕，被毛拉直，足底毛、腹底毛、肛周毛剃剪完成）。

🐾 任务实施

1. 模特犬结构检查

观察模特犬自身各部位被毛长度，触摸胸部、臀部后侧、肩胛、背部等部位骨骼，结合博美犬品种标准确定身体剃剪界线，以确保整体比例协调。

2. 电剪剃剪

（1）安装电剪刀头

安装4号刀头，也可根据宠物主人需求，选择留毛稍长的2号刀头。

（2）剃剪身躯

❶ 剃剪背部。使用电剪从肩胛骨上缘顺毛剃至尾根。在剃剪过程中，需用手抻平皮肤褶皱，刀头与皮肤平行连续移动。

❷ 剃剪前胸。从喉结顺毛剃至胸骨端，从胸骨端倾斜向下剃至两前肢内侧之间、下腹部。

❸ 剃剪身体侧面与腹部。侧望顺毛剃剪前肢后侧至后肢前侧之间被毛，腹底被毛顺毛剃剪；注意后肢与腹部连接处的皮肤较薄，小心剃剪，以防剃伤。

❹ 剃剪肩颈部。侧望用电剪将从喉结至肩胛骨上缘（顶点）与胸骨端至肩部侧面最宽处之间的肩颈部环面顺毛剃剪，分出头部与腿部自然界线（见图2-4-5）。

博美犬俊介装
电剪修剪

图2-4-5 肩颈部与四肢剃剪示意图

（3）剃剪四肢

正望根据腿长确定剃剪位置。前肢一般剃至肩部最宽处。后肢同样根据腿长确定剃剪位置，一般剃至臀部最宽处（见图2-4-5）。

（4）边剃剪边填写实施单（见工作手册）强化剃剪要求，剃剪后对照实施单检查操作是否正确，记录剃剪时间。

3.剪刀修剪

使用牙剪与弯剪，弯剪主要修剪腿部，牙剪主要修剪头部与脚部。

（1）修剪四肢

❶ 脚部。轻抬犬腿，一边用针梳将脚部被毛梳起，一边用牙剪修剪多余被毛，修剪出层次感。4只脚均修剪成"猫足"状（见图2-4-6）。

❷ 后肢。用弯剪从尾根附近向后肢外侧做弧面修剪，与剃剪部分自然连接。从大腿至飞节修圆，整个后肢飞节以上要有圆润感，侧望成"大鸡腿"状。飞节以下垂直地面修剪，用牙剪打薄飞节与脚部。

❸ 前肢。用弯剪将多余长毛修剪整齐，注意衔接电剪修剪部位。前肢前侧、后侧、内侧、外侧剪掉多余的被毛后，垂直运剪，剪成圆柱体，若前肢下端被毛长较短，也可修剪成上端稍粗，下端稍细的"胡萝卜"状。

（2）修剪臀部

用直剪由尾根向臀部修剪，并成圆弧过渡，将整个臀部修圆（见图2-4-7）。

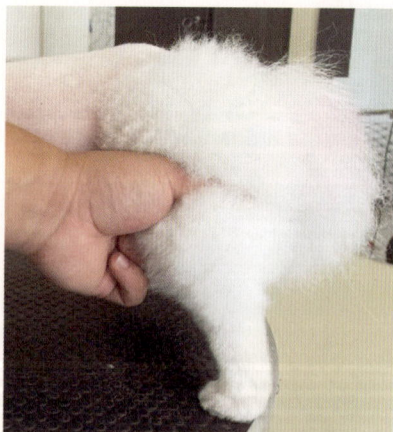

博美犬俊介装
四肢修剪

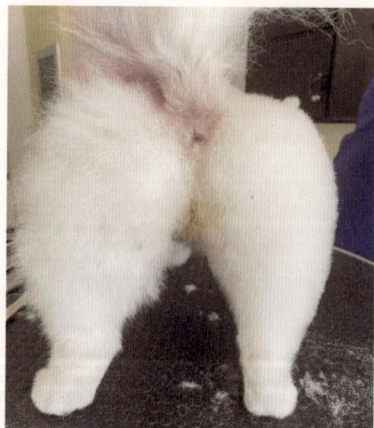

图2-4-6 "猫足"状脚　　　　图2-4-7 右侧臀部修剪

（3）修剪头部

❶ 耳朵。手捏住耳部边缘修剪耳朵轮廓（见图2-4-8）。先将耳尖处剪平，再修圆，将耳朵修剪成钝圆形（见图2-4-9）。牙剪刀柄与耳片平行，分别贴近耳朵外侧与内侧小心将被毛修剪干净。

❷ 眼睛。用直剪将内眼角处杂毛清理干净，再用牙剪打薄。

❸ 头外部轮廓。用牙剪将头部修剪成浑圆、可爱造型，只露耳尖儿。下颌尽量剪短，由下颌向上画圆修剪。以两眼连线为中心，向下至下颌、向上至头顶、向左右至两侧的垂直长度相等。修剪头部后侧长毛，与剃毛处自然衔接。用弯剪精修整个头部，头部修剪效果见图2-4-10。

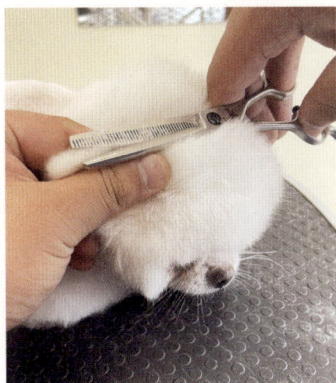

图2-4-8 修剪耳朵
边缘手势

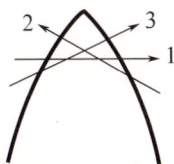

图2-4-9 钝圆形
形成方法

图2-4-10 头部修剪效果

（4）修剪尾巴

用弯剪修剪成近尾根处细，尾尖处粗的感叹号形（见图2-4-11）。

（5）边修剪边填写实施单（见工作手册），强化修剪要求。修剪后对照实施单检查操作是否正确，记录修剪时间。

博美犬俊介装正望、后望、侧望修剪效果见图2-4-12～图2-4-14。

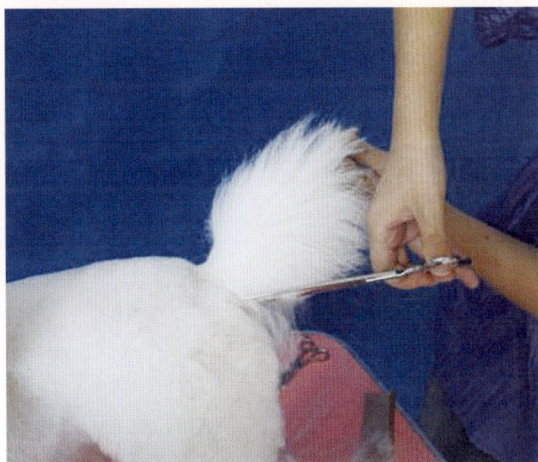

图2-4-11 修剪尾巴

图 2-4-12 正望修剪效果图

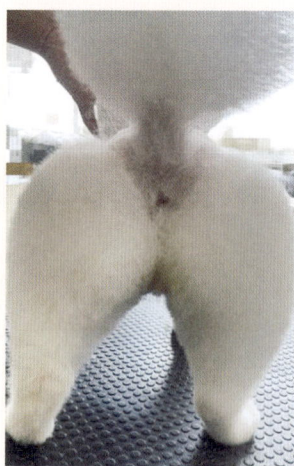

图 2-4-13 后望修剪效果图

图 2-4-14 俊介装整体修剪效果侧望图

🐾 任务评价

依据考核单（见工作手册）评价博美犬俊介装修剪过程、修剪效果和素质目标达成情况。

任务 2-5
约克夏㹴犬宠物装修剪

知识目标

1. 归纳约克夏㹴犬品种标准。
2. 阐述约克夏㹴犬宠物装修剪流程与方法。

能力目标

1. 能给约克夏㹴犬扎辫子。
2. 能在 1h 内完成 1 只约克夏㹴犬的宠物装修剪。

素质目标

1. 谨慎认真：使用适合的工具小心操作，防止被毛脱落和损伤。
2. 创新和审美能力：创新头部辫子造型，突出犬种特点和造型美。

对应标准

《宠物美容与护理职业技能评价规范》，宠物美容（高级）;《宠物美容职业技能等级》，宠物美容（高级）。

适应岗位

宠物美容师、美容主管、前台、店长。

1.约克夏㹴犬品种标准

根据 FCI 约克夏㹴犬品种标准，总结归纳出约克夏㹴犬品种标准信息档案见表 2-5-1。

表 2-5-1　约克夏㹴犬品种标准信息档案

起源			原产于英国东北部约克夏郡，因此得名。最初由苏格兰人南下至约克夏从事纺织工作时，将其携带的斯开岛等㹴类犬与当地㹴类犬交配培育而成，用于纺织厂与煤矿内老鼠与其他害虫的捕捉。后被引入美国，传播到世界各地，外观与体形逐渐更加精致、紧凑
用途			伴侣犬
行为秉性			机警聪明、有活力、性情平稳
外貌特征	体形		身材紧凑、体形匀称，精力充沛，雄性体高 18～23cm，体重 2.0～3.0kg，雌性体高 19～22cm，体重 1.5～2.8kg。体重最多不超过 3.2kg
	头部	眼睛	中等大小，颜色深，表情敏锐机智，目光前视，不突出，眼睑边缘黑
		耳朵	小，V 形，竖立。两耳间距不能过大，覆有棕褐色的短毛
		颅部	头骨小且平，额段清晰，不过于突出也不过于平坦，具有和谐美感
		吻部	立体饱满，不太长，也不过细
		鼻子	黑色
		牙齿	剪状咬合，紧密，排列整齐
	颈部		伸展自然，长度适中
	躯干		身躯紧凑，背线水平，腰部肌肉丰满有力、支撑良好
	四肢	前肢	前肢笔直，覆有深金褐色被毛，毛尖颜色比毛根部稍浅，前肢上黄褐色被毛不高于肘关节。肩部自然倾斜，足圆，趾甲黑色
		后肢	后望笔直。膝关节自然弯曲。覆有深金褐色被毛，毛尖颜色比毛根部稍浅，后肢上黄褐色被毛不高于膝关节。膝关节适度弯曲，足圆，趾甲黑色
	尾部		无论是否断尾，长度适度，毛量浓密不过长，不掩盖约克夏本身清晰的轮廓。尾巴与身体其他部分相比颜色偏深蓝，尾尖颜色更深。尾巴举起时略高于背线，但不卷曲于身体任何一侧，也不平放于背

外貌特征	被毛	毛质	丝绸质地、平滑、长、直、无任何波浪状或卷曲，被毛从鼻部延伸至尾尖部平分垂于身体两侧
		颜色	幼犬时期被毛为黑色与铜色。成年时期被毛为金属光泽的深蓝色，绝不能混以黄褐色、铜色或黑色被毛。头部、四肢、胸部与臀部被毛为金褐色或深褐色。所有褐色被毛，皆为根部颜色比中部颜色深，并逐渐向尖部变浅
步态			轻盈有力、直线运动，背部保持水平
缺陷			体形、牙齿、被毛等任何与上述各点的背离均视为缺陷，其缺陷严重性严格地与其缺陷的程度成比例

2. 长毛犬头部造型

长毛犬（约克夏㹴犬、马尔济斯犬、西施犬等）头部的长毛是其造型的主要优势，为了能做不同的造型，需要及时护理被毛。首先要选择专用的垂顺型浴液与护毛素，每周洗护 1 次为佳。其次，为了美观、避免被毛打结与灰尘沾染、减少活动时拉扯导致的断裂等，需要在头部扎辫子或者包毛，常见的头部扎辫子与包毛造型见图2-5-1 和图 2-5-2。

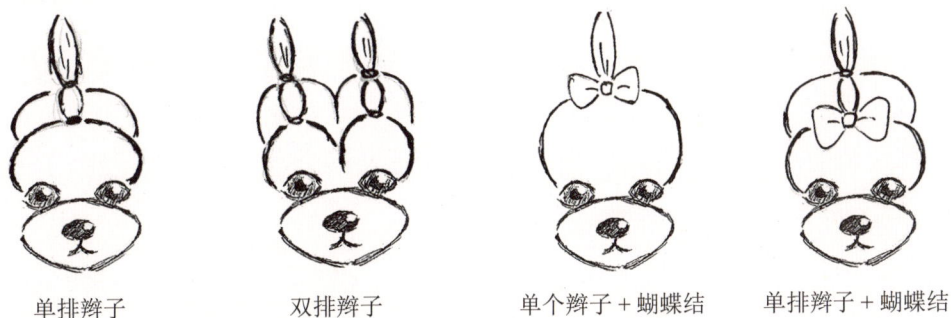

| 单排辫子 | 双排辫子 | 单个辫子 + 蝴蝶结 | 单排辫子 + 蝴蝶结 |

图 2-5-1 长毛犬头部扎辫子造型图

| 单排包毛 + 蝴蝶结 | 双排包毛 + 蝴蝶结 | 单个包毛 + 麻花辫 |

图 2-5-2 长毛犬头部包毛造型图

🐾 任务准备

电剪、7号刀头、直剪、弯剪、牙剪、排梳、分界梳、宠物橡皮筋、小发卡、约克夏㹴犬（洗护完毕，被毛拉直，足底毛、腹底毛、肛周毛剃剪完成）。

🐾 任务实施

1.模特犬结构检查

观察模特犬自身各部位被毛长度，触摸胸部、臀部后侧、肩胛、背部等部位骨骼，结合约克夏㹴犬品种标准确定身体剃剪界线，以确保整体比例协调。

2.电剪剃剪

（1）安装电剪刀头

约克夏㹴犬为单层被毛，身上用7号刀头顺毛剃剪，以防损伤毛囊。

（2）剃剪身躯

❶ 剃剪背部。使用电剪从肩胛骨上缘剃至尾根。

❷ 剃剪前胸。从喉结顺毛剃至胸骨端，从胸骨继续倾斜向下剃至两前肢内侧之间、下腹部。

❸ 剃剪身体侧面与腹部。侧望顺毛剃剪前肢后侧至后肢前侧之间被毛，腹底被毛顺毛剃剪。身体两侧被毛顺毛剃至腹底。

❹ 剃剪肩颈部。侧望用电剪将从喉结至肩胛骨上缘（顶点）与胸骨端至肩部侧面最宽处之间的肩颈部环面顺毛剃剪，分出头部与腿部自然界线。

（3）剃剪四肢

正望根据腿长确定剃剪位置。前肢一般剃至肩部最宽处。后肢同样根据腿长确定剃剪位置，一般剃至臀部最宽处。剃剪后效果见图2-5-3。

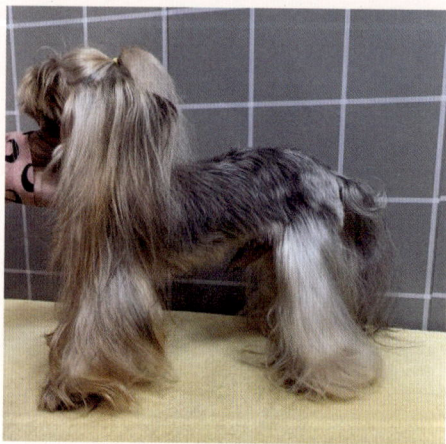

图2-5-3 剃剪后效果

（4）边剃剪边填写实施单（见工作手册）强化剃剪要求，剃剪后对照实施单检查操作是否正确，记录剃剪时间。

3.剪刀修剪

（1）修剪脚圈

❶ 修剪前脚脚圈。使用牙剪将前脚脚圈修剪圆润，与地面成30°（见图2-5-4）。

❷ 修剪后脚脚圈。使用牙剪将后脚脚圈修剪圆润，与地面成15°，后肢后侧飞节与地面成30°。

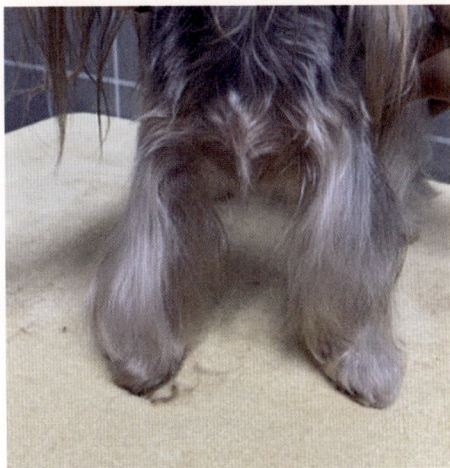

图2-5-4　前脚脚圈修剪效果

（2）修剪身躯与四肢

用牙剪顺毛将电剪剃后的身躯被毛修剪平整，四肢与剃剪部位衔接，将杂毛修顺即可，不做过多修剪。

（3）边修剪边填写实施单（见工作手册），强化修剪要求。修剪后对照实施单检查操作是否正确，记录修剪时间。

4.头部造型

（1）扎辫子

辫子范围为头顶至外眼角后1cm。用分界梳将边缘被毛分整齐，防止橡皮筋牵拉，导致其频繁挠头。橡皮筋在距离皮肤1cm左右位置固定（见图2-5-5）。可用小蝴蝶结等饰品装饰辫子。辫子扎完后，若头上碎毛较多，用小发卡把碎毛卡上。用小弯剪将遮挡眼睛的杂毛修剪干净。

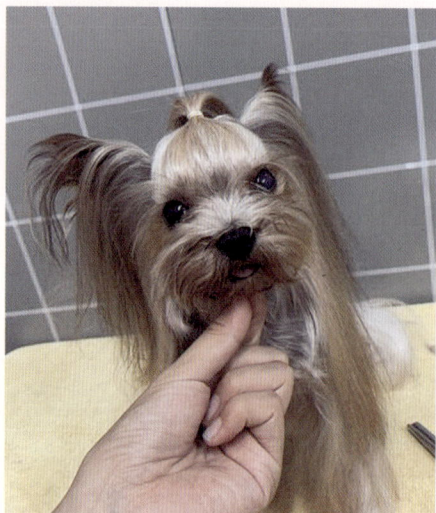

图 2-5-5　扎辫子

（2）修剪嘴圈

使用弯剪顺毛修剪嘴巴被毛，下颌留毛 3～5mm，并沿喉结方向修剪整齐。确定嘴圈的宽度（见图 2-5-6），嘴圈宽度大于或等于外眼角，将嘴圈修剪成上宽下窄的椭圆形。使用弯剪沿唇形修剪上颌唇毛，修剪出唇线（见图 2-5-7）。修剪时注意控犬，防止剪伤犬只舌头。

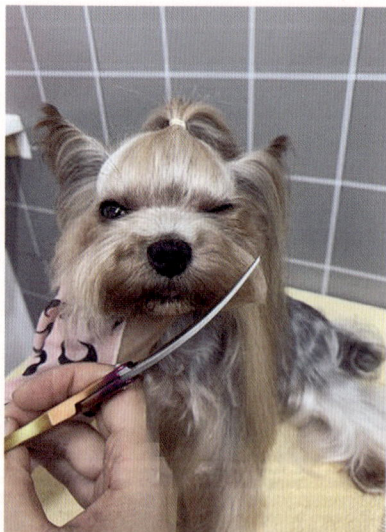

图 2-5-6　确定嘴圈宽度

图 2-5-7　修剪唇线

（3）头部造型后填写实施单（见工作手册），确定辫子边界、松紧度与头部的修剪造型是否合适。

约克夏㹴犬宠物装整体修剪效果见图2-5-8。

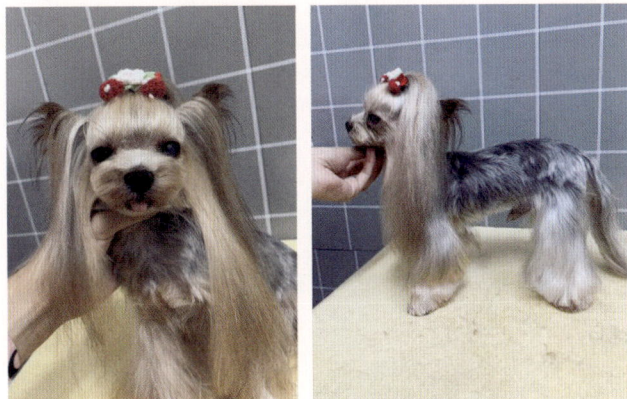

（a）正望图　　　　　　　　　（b）侧望图

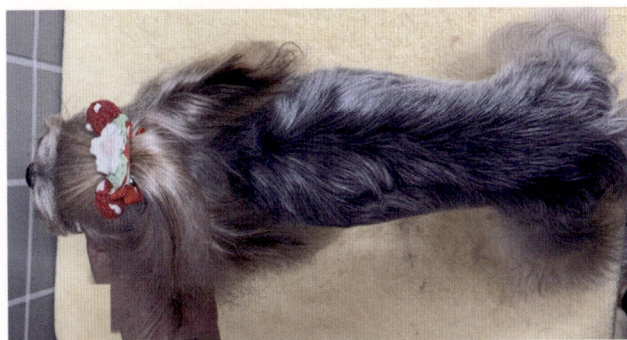

（c）俯视图

图2-5-8　整体修剪效果图

🐾 任务评价

依据考核单（见工作手册）评价约克夏㹴犬宠物装修剪过程、修剪效果及素质目标达成情况。

任务 2-6
贝灵顿㹴犬宠物装修剪

🐾 知识目标

1. 理解贝灵顿㹴犬品种标准、身材比例。
2. 阐述贝灵顿㹴犬修剪流程与要求。

🐾 能力目标

1. 能结合贝灵顿㹴犬自身特点，制订修剪方案。
2. 能在 1.5h 内完成 1 只贝灵顿㹴犬的修剪。

🐾 素质目标

审美能力：理解贝灵顿㹴犬的品种特征，领悟其经过造型体现出的特有美感。

🐾 对应标准

《宠物美容与护理职业技能评价规范》，宠物美容（高级)；《宠物美容职业技能等级》，宠物美容（高级）。

🐾 适应岗位

宠物美容师、美容主管、前台、店长。

1. 贝灵顿㹴犬品种标准

根据 FCI 贝灵顿㹴犬品种标准，总结归纳出贝灵顿㹴犬品种标准信息档案见表 2-6-1。

表 2-6-1 贝灵顿㹴犬品种标准信息档案

起源	起源于英国贝德林顿市，18 世纪末 19 世纪初，与惠比特犬、丹迪丁蒙㹴等犬种混血改良，形成现在外形美丽、行动敏捷的犬种。最初是猎取野兔、狐狸、穴鼠的猎犬，后被弱化狩猎特性，成为受人追捧的玩赏犬与伴侣犬	
用途	伴侣犬、看家犬、狩猎犬	
行为秉性	勇敢活泼、充满自信、性情稳定、容易训练。安静时温柔平和，没有胆怯与神经质，兴奋时警惕、充满活力与勇气	
外貌特征	体形	体长略大于体高。体高 41cm 左右，雌性符合以上其他标准的可略矮。体重 8～10kg
	头部 眼睛	较小、明亮且深陷，呈三角形。颜色常见为深蓝色、带有琥珀色光的蓝色与茶色、浅褐色等，眼睛颜色与被毛一致或协调
	耳朵	大小适中，呈榛形，下垂且位置低，耳朵薄，覆盖一层绒毛，耳尖被丝绒状的饰毛覆盖，形成丝绸般的流苏耳
	颅部	头骨窄，纵深且圆，整个头部呈梨形或楔形。没有额段，轮廓线从枕骨至鼻尖，直且连贯
	吻部	丰满，从头顶至鼻头，口吻部分逐渐变细，形成流畅线条。嘴唇紧密闭合，无垂皮
	鼻子	鼻孔大且清晰。颜色与被毛色相搭配，蓝色与茶色犬通常有黑色鼻子，深棕色与浅黄棕色犬有棕色鼻子
	牙齿	长且结实，剪状咬合
	颈部	长且有力，从肩部向上伸出逐渐变细，颈部皮肤紧致。与肩部、背部连接流畅，线条优雅
	躯干	背部自然上拱，于腰部突然下斜。胸深且宽，肋骨平，与胸形成稳定的支撑结构。腹部呈弓形，线条收紧
	四肢 前肢	直，脚部间距小于胸部间距。肩部扁平且倾斜，为前肢提供良好支撑。掌骨长且轻微倾斜，强壮，显示出良好的力量与柔韧性。兔脚，脚垫厚实

外貌特征	四肢	后肢	比前肢长，充满肌肉。膝关节适度弯曲，飞节结实靠下，既不内翻也不外展。兔脚，脚垫厚实

	尾部	位置低，从根部开始逐渐变细，形成自然锥形，末端细且尖。尾巴不翻卷至后背，也不紧贴于身体下面
	被毛	毛质	被毛特别，直立于皮肤，由稍微硬的被毛与软毛混合而成，厚且呈絮状，略卷
		颜色	幼犬通常为黑色或棕色，随时间推移逐渐变浅。成年犬被毛呈蓝色、茶色、肝色及混合色（棕色加蓝色、棕色加肝色等），色素深的较好
步态		慢行时斯文、轻盈、有弹性，奔跑时略呈划桨姿势。具有高速飞奔的能力
缺陷		体高、体重不在标准范围内；头骨过宽或过窄；被毛稀疏、平直或过长；前肢弯曲，四肢肌肉不发达等与品种标准偏离者均视为缺陷

2.贝灵顿㹴犬侧望造型图

修剪贝灵顿㹴犬时，要表现出犬的活泼，不要将其修剪得瘦小柔弱。要凸显出其独特的面部特点，"弓背""流苏耳"等外貌形象，贝灵顿㹴犬侧望造型见图2-6-1。

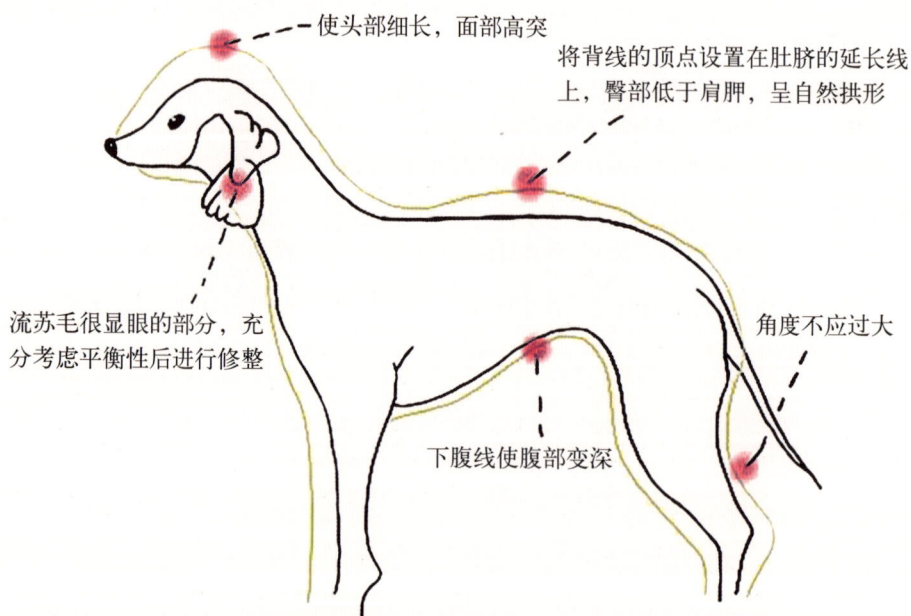

使头部细长，面部高突

将背线的顶点设置在肚脐的延长线上，臀部低于肩胛，呈自然拱形

流苏毛很显眼的部分，充分考虑平衡性后进行修整

角度不应过大

下腹线使腹部变深

图 2-6-1 贝灵顿㹴犬侧望造型图

🐾 任务准备

电剪、40 号刀头、直剪、排梳、贝灵顿㹴犬（洗护完毕，被毛拉直，足底毛、腹底毛、肛周毛剃剪完成）。

🐾 任务实施

1. 模特犬结构检查

观察模特犬背部留毛长度，思考如何通过背部修剪突出贝灵顿㹴犬背部"弓形"的特点。触摸胸部、臀部后侧、肩胛、背部等部位骨骼，结合贝灵顿㹴犬品种标准确定前胸剃剪界线，各部位留毛长度。以确保其整体比例协调。

2. 电剪剃剪

❶ 安装电剪刀头。给电剪安装 40 号刀头用于贝灵顿㹴犬所有剃剪部位的剃剪。

❷ 剃剪尾巴。将尾巴三等分（见图 2-6-2），用电剪逆毛剃掉距末端 2/3 的被毛，靠近尾根部 1/3 的被毛留住不剃（见图 2-6-3）。

❸ 剃剪耳朵。参照图 2-6-4 将耳朵上 2/3 的被毛剃净，留下的被毛边缘成三角形，三角形的顶点在耳朵宽度的中心，下面两个棱角以耳朵开始弯曲的位置为基准，先顺毛剃剪出大致线条，再逆毛剃，耳朵内侧及周围同样剃净。这种耳朵的造型通常称为"流苏"耳。

❹ 剃剪面部。从上耳根至外眼角后 0.5～1cm 处，剃一条直线，从外眼角后 0.5～1cm 处至嘴角剃一条直线。下颌被毛全部剃除（见图 2-6-5）。

贝灵顿㹴犬
电剪修剪

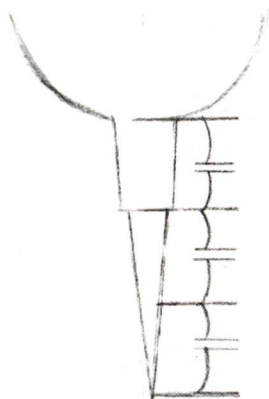

图 2-6-2　尾巴三等分

图 2-6-3　近尾根 1/3 留毛

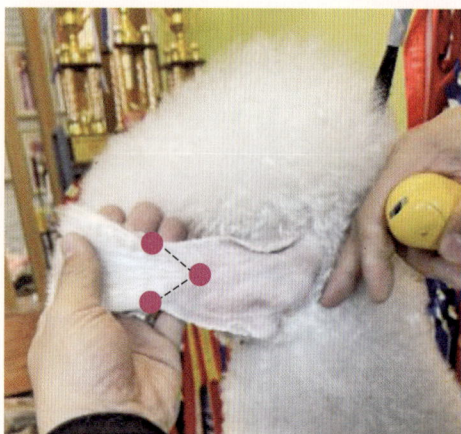

图 2-6-4　剃剪耳朵

图 2-6-5　剃剪面部

⑤ 剃剪前胸。沿下耳根至喉结与胸骨端中间稍下的位置剃一条直线，两侧对称，两条直线范围内剃净，正望为"V"字或"U"字形，前胸剃法要区别于贵宾犬，胸部剃剪范围略显宽大。

⑥ 边剃剪边填写实施单（见工作手册）强化剃剪要求，剃剪后对照实施单检查操作是否正确，记录剃剪时间。

3.剪刀修剪

贝灵顿㹴犬剪刀修剪部分一般只用直剪修剪。

（1）修剪身躯和四肢

❶ 脚圈。将足底超出肉垫的被毛剪短，将脚放下，沿脚将四周被毛剪圆，将脚尖剪短。

❷ 背线。从尾根前侧至肚脐上方的背部倾斜 30° 左右做弧形修剪，肚脐上方向的背部为最高点，由此点向前向下倾斜至肩胛骨上缘做弧形修剪，使背线"弓形"的顶点在肚脐上方凸显出来，侧望顶点最高，其次是肩胛骨上缘，臀部最低，见图 2-6-1 背部曲线。

❸ 后肢。臀部被毛尽量剪短，在臀部与飞节之间做出平缓弓曲；飞节雄浑有力，且最好处于适当低的位置，飞节下方垂直修剪；后肢内外侧平行，后肢前侧被毛稍长，做出平缓弓曲（见图 2-6-6）。

❹ 身体侧面。将后肢前侧腹部被毛剪短后，刀刃向上以向外稍微倾斜的角度修剪，俯视几乎不突出腰部线条。

❺ 腹线。侧望向上倾斜并与后肢前侧自然连接成弯曲的线条，见图 2-6-7 腹部曲线。

贝灵顿㹴犬身体和四肢修剪

图 2-6-6　后躯修剪后造型

图 2-6-7　腹部曲线

⑥ 前肢。前肢修剪成笔直、稍粗的圆柱形，不露出肘部。注意定好后肢后侧起始位置，修剪使侧望肘部到肩胛骨上缘与到地面距离相等。

⑦ 前胸。修剪衔接前胸剃剪处被毛，连接前胸与前肢上部，前胸垂直于地面。

（2）修剪头部

① 面部。用直剪衔接头部剃剪位置。正望，头盖骨与口鼻部宽度相等。用排梳梳理面部被毛使其立起，按照头骨宽度，将侧面的被毛修剪至耳根前侧。侧望没有额段曲线，口鼻部至头顶部做弧形修剪，使面部高突。确保侧望时，耳根前侧上方为最高点（见图2-6-8）。

② 眼睛。刀柄与眼睛平面垂直，由外眼角向内眼角修剪眼睛前面杂毛。将眼睛下方杂毛与内眼角杂毛修剪干净，不过分修剪，侧望眼睛陷于被毛中（见图2-6-9）。正望看不见眼睛。

③ 耳朵。将耳朵侧面边缘被毛贴近皮肤剪短并修齐，耳朵尖端"流苏"部分按照将耳朵向前拉时不超过鼻镜的长度修剪。

贝灵顿㹴犬
头颈部修剪

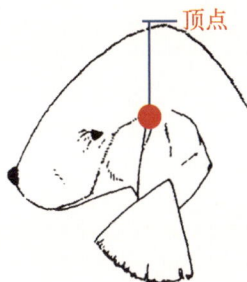

图 2-6-8　头部修剪侧望图

图 2-6-9　修剪眼睛周围

（3）修剪颈部

颈部侧面要贴紧耳根向肩部修剪斜面，不能有明显的弧度（见图2-6-10），近肩部粗壮，向头部逐渐变细，凸显狝犬颈部的力量感。将头后方至肩胛骨上缘自然连接。如果修剪欧装，颈线从枕骨开始，直线连接至肩胛骨最高点，颈部留毛稍短，枕骨处多留被毛修饰，加强头部线条（见图2-6-11）。

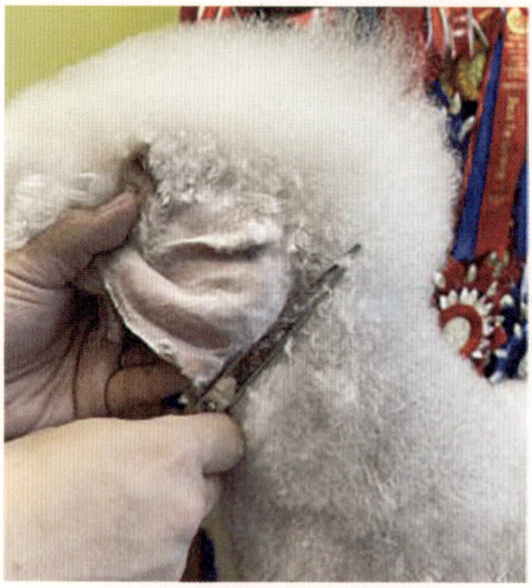

图2-6-10　紧贴耳根修剪

图2-6-11　欧装颈部修剪

（4）修剪尾巴

将尾巴留毛修剪整齐，修剪成尾根粗、向末端逐渐变细的形状。

（5）整体精修

按照各部位修剪要求，整体精修，使被毛平整过渡自然，整体修剪效果见图2-6-12。

（6）边修剪边填写实施单（见工作手册），强化修剪要求，修剪后对照实施单检查操作是否正确，记录修剪时间。

图2-6-12　整体修剪后造型

🐾 任务评价

依据考核单（见工作手册）评价贝灵顿狝犬修剪过程、修剪效果和素质目标达成情况。

任务 2-7
柯基犬宠物装修剪

知识目标

1. 阐述柯基犬品种标准。
2. 总结柯基犬宠物装重点修剪部位与方法。

能力目标

1. 能结合模特犬自身特点，制订修剪方案。
2. 能在 40min 内完成 1 只柯基犬宠物装修剪。

素质目标

创新能力：结合柯基犬特殊的臀部特点，发挥想象与创意，创造新颖造型。

对应标准

《宠物美容与护理职业技能评价规范》，宠物美容（高级）;《宠物美容职业技能等级》，宠物美容（高级）。

适应岗位

宠物美容师、美容主管、前台、店长。

柯基犬品种标准

根据 FCI 柯基犬品种标准，总结归纳出两个品系柯基犬品种标准信息档案见表 2-7-1。

表 2-7-1　柯基犬品种标准信息档案

不同品系			卡迪根威尔士柯基	彭布罗克威尔士柯基
起源			起源于英国威尔士卡迪根地区，是英国威尔士古老的犬种之一。最初用于威尔士乡村的牧牛工作。行动灵活敏捷，通过钻入牛群，咬住牛的下肢控制牛的行动，帮助牧民管理牛群	比卡迪根威尔士柯基犬起源晚，可能起源于 11 世纪彭布罗克郡地区。后逐渐成为英国王室宠物，受到广泛喜爱与爱戴。也曾被用作牧牛犬
用途			牧牛犬、伴侣犬	牧牛犬、伴侣犬
行为秉性			性格温和，勇敢稳重，喜欢与儿童为伴，性格相比彭布罗克更为保守、放松，具有警戒心理	性格温和，喜吠叫，机警活泼，外向勇敢，外观灵气
外貌特征	体形		理想体高 30cm 左右，体重与尺寸协调	体高 25～30cm，雄犬 10～12kg，雌犬 9～11kg
	头部	眼睛	明亮，椭圆形，中等大小，不突出，稍斜位。颜色深黑，被毛为陨石色犬允许一眼或双眼为淡蓝色、蓝色或有蓝斑	明亮，椭圆形，中等大小，不突出，稍斜位。颜色棕色，与被毛颜色相协调
		耳朵	中等大小，直立，与躯体大小比例协调。耳尖略圆，根宽适度。耳间距宽于两眼中心距离	中等大小，直立，耳尖略圆。耳尖与眼睛、鼻子在一条直线上
		颅部	宽，两耳间平坦。额段适中	宽且平，介于双耳之间，到眼睛部位渐渐变细，双眼之上略拱起。额段适中
		吻部	至鼻镜逐渐变细	口吻略尖
		鼻子	黑色、略突	黑色
		牙齿	剪状咬合	剪状咬合
	颈部		肌肉发达，发育良好，适度倾斜，与体格比例协调，与倾斜的肩自然接合	相对长

外貌特征	躯干		体长相对较长，且强壮。背线水平，腰部轮廓清晰。胸部宽且深，胸骨突出，肋骨自然扩张	体形相对小，身材紧凑结实，背线水平，腰部短而结实
	四肢	前肢	前臂略呈弓形，形成丰满胸廓。肩部肌肉发达，与肱骨呈90°。足大、圆、紧，脚垫良好，略微向外	肩部自然，与肱骨呈90°，小腿短、直、骨量充足
		后肢	飞节垂直，膝关节角度自然，足大、圆、紧凑，脚垫良好	飞节垂直，膝关节角度自然，足大、椭圆、脚趾强壮、紧凑、两中趾略长，足垫良好
	尾部		狐尾，与身体在一条线上，长度恰当（触及或快要触及地面）。站立时，冲下。运动时，可能会举起稍高于身体，不会卷曲至背上	短，自然。断尾：短。未断尾：与背线在同一直线。动态或警惕时举起在背线上
	被毛	毛质	短或中等长度，硬质，底毛良好，耐气候性强，直毛更佳	中等长度，直，底毛密，不宜过软，呈波状或钢丝状
		颜色	蓝隐石色、虎斑色、红色、黑貂色、三色带虎斑与三色带红色斑点。头、颈、胸、腹部、腿、足、尾尖或有白色斑纹，白色不应居多。眼睛周围绝不能有白色。鼻与眼圈必须为黑色。肝色与褪色的颜色强烈不建议繁殖	自然色为红色、黑貂、浅黄褐色、黑与棕褐色，腿、胸与颈部或有白斑。头与口吻部允许有少许白色
步态			自如活泼，不显松散拘束。前肢自然向前运动，不高抬，与后肢动作协调	
缺陷			体高与体长不协调；头过大或过小；眼睛突出，非隐石色出现蓝眼睛；前肢过直，缺乏适当弯曲度；尾巴位置过高、卷曲于背；头部与身体白色过多，眼睛周围白色均为缺陷	蓝色眼睛或眼睛有色环；耳朵不能竖立或形状不佳；被毛硬，过分短，薄且平滑；耳朵、胸、腿、足、下腹、后躯毛极长，极多；尾巴位置过高均为缺陷

🐾 **任务准备**

直剪、鱼骨剪、针梳、排梳、柯基犬（洗护完毕，被毛拉直，足底毛、腹底毛、肛周毛剃剪完成）。

1.修剪后躯

❶ 用直剪或鱼骨剪，从尾根前侧向后倾斜45°将尾根两侧修剪平整（见图 2-7-1）。

❷ 臀部后侧上部垂直修剪（见图 2-7-2），继续向下移动剪刀，按照其生长的形状修圆。

❸ 剪刀继续下移，向内倾斜连接臀部与飞节，修剪整齐（见图 2-7-3），将飞节下多余的杂毛修剪干净。

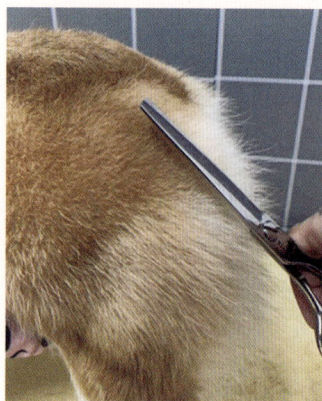

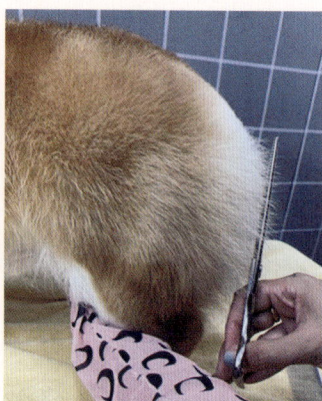

图 2-7-1　修剪尾根　　　　图 2-7-2　修剪臀部后侧　　　　图 2-7-3　臀部至飞节

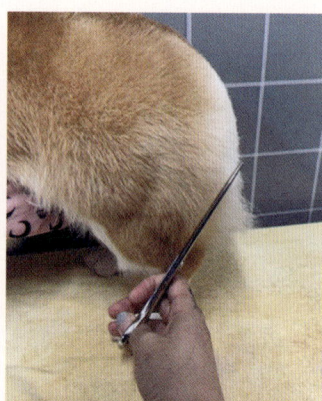

❹ 以尾根和肛门连线为中心向两侧弧形过渡，将臀部后侧修剪圆润，臀部两侧也做弧形修剪，使臀部后望近似"苹果状"，后望、侧望都饱满圆润（见图 2-7-4）。

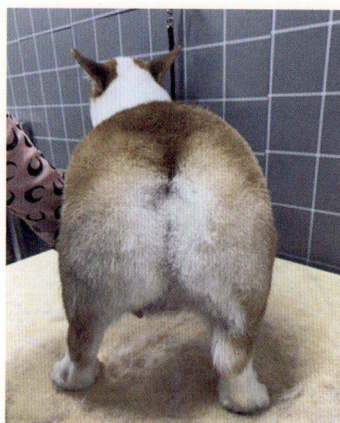

（a）臀部修剪后望图　　　　　　（b）臀部修剪侧望图

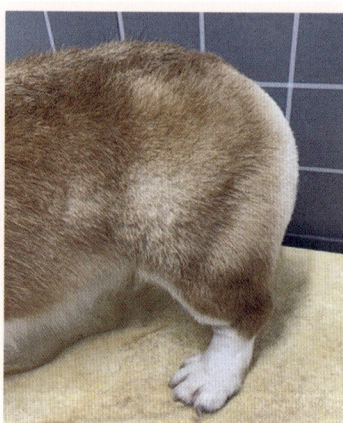

图 2-7-4　臀部修剪造型

⑤ 将后肢外侧和前侧修剪平整，膝关节至脚部自然过渡连接。

2.修剪中躯

从身体两侧向下至腹底包弧修剪，肘关节、膝关节与下腹部自然过渡，中躯修剪效果（见图2-7-5）。

3.修剪前躯

① 修剪前胸，由喉结向下至两腿内侧，将杂毛修剪干净。

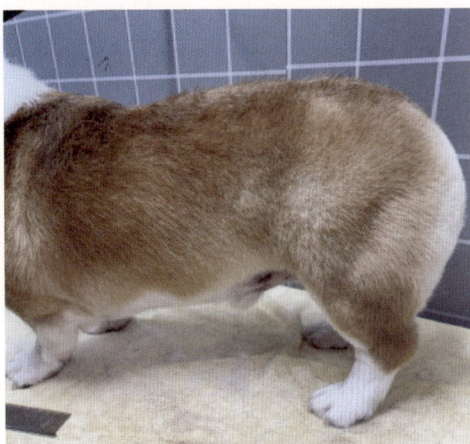

图 2-7-5　中躯修剪后造型

② 从前胸至肩部、颈部过渡修剪，修剪整齐。

③ 将前肢肘关节至地面修剪整齐。

4.修剪头部

将头部、眼周、耳朵边缘杂毛修剪干净，如果宠物主人不需要可以不修剪。

5.整体精修

梳理全身被毛，修剪多余杂毛，使各部分干净整齐，柯基犬宠物装整体修剪效果正望、侧望、后望和俯视图见图2-7-6～图2-7-9。

边修剪边填写实施单。强化修剪要求，修剪后对照实施单检查操作是否正确，记录修剪时间。

图 2-7-6　正望图

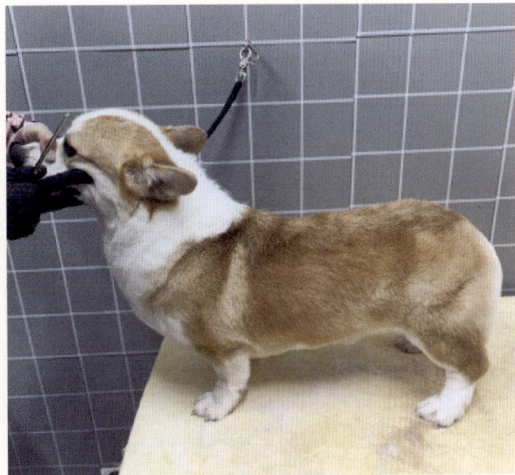

图 2-7-7　侧望图

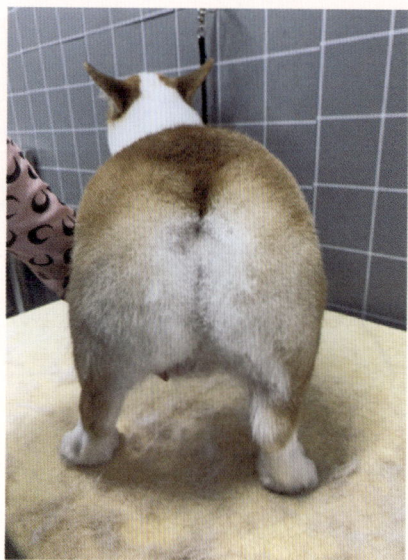
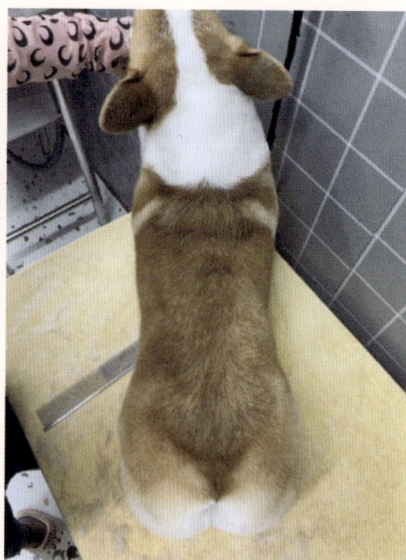

图 2-7-8　后望图　　　　　　　　　　图 2-7-9　俯视图

🐾 任务评价

　　依据考核单（见工作手册）评价柯基犬宠物装修剪过程、修剪效果及素质目标达成情况。

项目三
创意造型设计

任务 3-1

创意染色

🐾 知识目标

1. 阐述十二色相环色彩搭配原理。
2. 介绍染色工具与功能。
3. 读懂染色产品比色卡中的色彩搭配，了解各种染色膏。
4. 阐述分层染色、渐变染色过程，理解染色原理与内在逻辑关系。

🐾 能力目标

1. 能根据色彩搭配原理设计符合模特犬特点的染色造型。
2. 能分别完成 1 只犬的分层染色、渐变染色作品。

🐾 素质目标

1. 创意与审美能力：根据宠物品种、毛色、体形与性格特点，设计新颖、美观的染色方案。培养色彩的感知力，灵活利用色彩搭配创造独具魅力的染色效果。

2. 细心与安全意识：注意操作细节，避免出现色差、染色不均等问题。遵循安全操作规范，避免染色剂触碰宠物眼睛、口鼻等敏感部位，确保宠物安全。

3. 沟通能力与服务意识：通过染色方案的研讨和熟练的操作，熟知染色过程中涉及的专业知识和情况变化，培养与宠物主人的沟通能力和服务意识。

🐾 对应标准

《宠物美容与护理职业技能评价规范》，宠物美容（高级）;《宠物美容职业技能等级》，宠物美容（高级）。

宠物美容师、美容主管、前台、店长。

任务资讯

1. 染色用品简介

❶ 染色膏。以某品牌系列染色膏为例，包含红色、粉色、紫色、柠檬黄、绿色、橘色、蓝色 7 种基色。

❷ 媒介调和膏。透明媒介膏主要通过与其他颜色的染色膏混合改变色彩透明度。灰色媒介膏、黑灰色媒介膏、黑色媒介膏主要通过与其他颜色染色膏的混合改变色彩的明暗度。

染色用品简介

❸ 比色卡。指导美容师根据染色膏、媒介膏不同比例混合得到不同的颜色。

❹ 去除液。用于清除不小心或误染的颜色，尽可能保证染色效果。

❺ 防护膏。保护非染色区域不容易着色。

其他染色用品见染色用品简介视频。

2. 色彩搭配常识

（1）十二色相环

十二色相环是为了区分不同颜色和颜色搭配绘制的一种圆形排列的色相光谱，由原色、二次色、三次色组合而成（见图 3-1-1）。

❶ 三原色。色彩中不能再分解的基本色为原色，原色能混合出其他色，其他色不能还原出原色。三原色是红、黄、蓝三种颜色。

❷ 二次色。又称间色，由同等比例的原色两两混合而成。二次色有橙、紫、绿三种颜色，即：黄＋红＝橙；黄＋蓝＝绿；红＋蓝＝紫。

图 3-1-1　十二色相环

❸ 三次色。为二次色与原色搭配产生，主要有橙红、橙黄、紫红、蓝紫、蓝绿、黄绿六种颜色，即：黄＋橙＝橙黄；红＋橙＝橙红；紫＋红＝紫红；蓝＋绿＝蓝绿；蓝＋紫＝蓝紫；蓝＋绿＝蓝绿。

（2）冷暖色调

冷暖色调的对比是一种生理感觉，冷暖色调区分见图 3-1-2。冷色调是使人产生凉爽感觉的青、蓝等以及由它们构成的色调，在视觉上有使空间开阔通透的作用，容易使人联想到高空的蓝天、宽阔的湖水、冬日里的冰雪，有凉爽之感。橙红、黄色、红色一类色系常与炙热、温暖、热情有关，所以称为暖色调。暖色为兴奋色，给人活泼、兴奋、热情之感，象征太阳、火焰、大地。

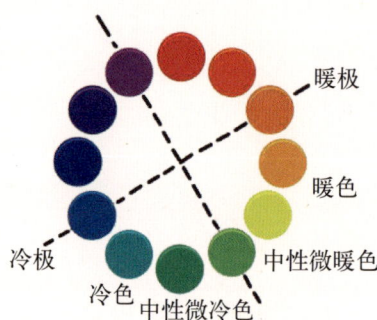

图 3-1-2　冷暖色调图

（3）同类色、邻近色、对比色

❶ 同类色。指色相性质相同，但色度有深浅之分的颜色，在色相环中，15°或 30° 夹角内的颜色为同类色。同类色是同一种颜色，但深浅不同，比如柠檬黄与淡黄。

❷ 邻近色。色相环上相邻近的颜色，邻近色色相性质不同，冷暖性质一致，色相环中相距 60° 为邻近色关系。邻近色视觉上既有区别又有亲近感，是最常用的色彩搭配。

❸ 对比色。又称互补色，指色相环上相距 120° 至 180° 之间的颜色。色彩对比强烈，能吸引人的目光，很多商用颜色搭配是对比色，摄影作品上对比色也经常见到。

（4）宠物染色色系搭配

❶ 被毛为红色、奶油色、香槟色等暖色系的宠物，适合暖色系染料，如橘色、黄色、红色、粉色等。

❷ 被毛为蓝色、灰色等冷色系的宠物，适合冷色系染料，如蓝色、紫色等。

❸ 被毛为浅色系宠物搭配浅色系颜色，深色系宠物搭配深色系颜色，白色宠物以浅色染料为主，最好不搭配红色、黄色。

❹ 一个部位染色最多搭配 3 种颜色，多选择同类色或者邻近色。

❺ 比较适合宠物的颜色搭配常用蓝粉、红黄、蓝黄、黄绿等。

3.染色方法简介

常用的染色方法有分层染色、渐变染色，两种方法可以单独使用也可以配合使用。分层染色部位通常在尾巴、耳朵等部位，不同颜色之间有明显的分界。渐变染色部位通常在耳部、尾巴、背部等，先根据色彩搭配常识设计颜色的渐变，比如黄→绿→蓝或粉→蓝→紫等，不同染色逐渐过渡，界线不明显。也可以在模特犬上设计并染色某一图案，通过分层和渐变的结合实现图案颜色的搭配与染色，并通过精细的修剪，呈现出立体造型。一般情况下，单独的分层染色与渐变染色色彩不超过 3 种。

🐾 任务准备

假毛片、针梳、染色碗、染色膏、比色卡、分界梳、染色刷、锡箔纸或保鲜膜、美纹纸、夹子、直剪、浴液、护毛素、彩笔、白纸、宠物橡皮筋、模特犬。

🐾 任务实施

1.设计造型

在实施单中根据犬的品种、毛质、被毛颜色等特点，将染色的形状与色彩搭配以设计图纸的形式表现出来，图 3-1-3、图 3-1-4，分别为分层染色与渐变染色造型的设计图纸。

图 3-1-3　分层染色

2.染色操作

（1）分层染色

以尾球分层染 3 种颜色为例，执行分层染色操作。

❶ 第 1 层分界。用分界梳将尾球分成三等份，将尾球上方 1/3 被毛界线分清为第 1 层（见图 3-1-5），用锡箔纸或保鲜膜将第 1 层与下部被毛隔离开（见图 3-1-6），用夹子固定。

图 3-1-4　渐变染色

图 3-1-5　尾球上 1/3 分界

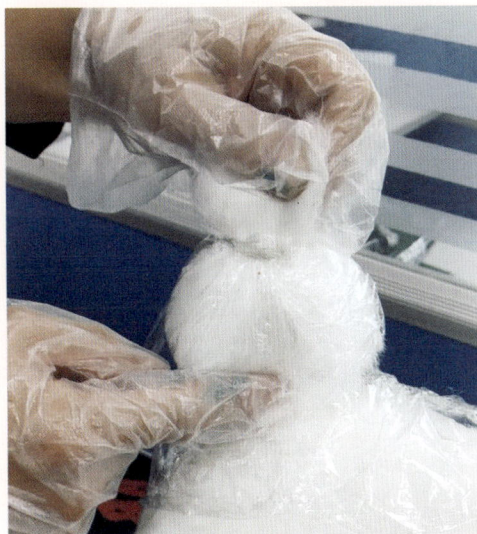

图 3-1-6　第 1 层下部被毛隔离

❷ 调 1 号色并试色。取 1 号色的染色膏适量置于染色盘中，根据色彩要求或者按照比色卡中的颜色配比方法用透明媒介（稀释膏）进行颜色稀释，调好的颜色在白纸上试色。

❸ 涂色。先涂染分界部位，沿尾轴垂直的方向染 1 圈，再逐渐向尾尖方向延伸（见图 3-1-7），一层层将被毛从毛根至毛尖均匀涂色。将第 1 层被毛都涂染均匀后，用手指将染色部位揉搓直至全部染透（见图 3-1-8）。

❹ 包裹固定。用锡箔纸或保鲜膜包裹染色被毛，用宠物橡皮筋固定（见图 3-1-9）。固定松紧适宜，保证染色部位血流通畅。

❺ 分第 2 层，染 2 号色。用分界梳分清第 2 层被毛，用锡箔纸或保鲜膜将第 2 层与下部被毛隔离开（见图 3-1-10）。按照第 1 层操作方法涂好色，将第 2 层被毛向上梳，用锡箔纸或保鲜膜对齐边缘包裹，用宠物橡皮筋固定（见图 3-1-11）。

图 3-1-7　1 号色上色

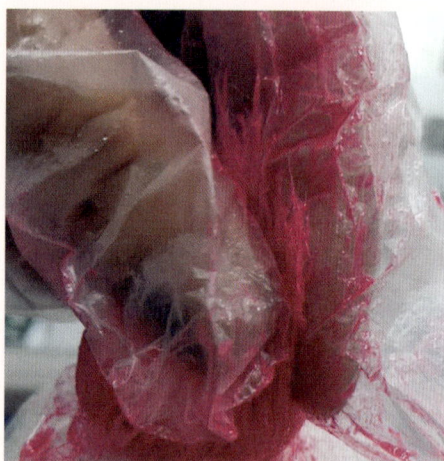

图 3-1-8　揉搓染色部位

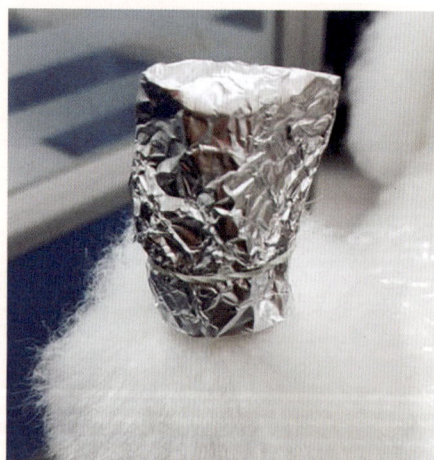

图 3-1-9　第 1 层包裹固定

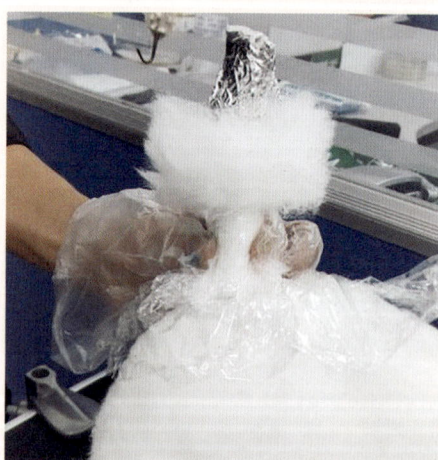

图 3-1-10　第 2 层下部被毛隔离

⑥ 分第 3 层，染 3 号色。用保鲜膜铺在尾根周边的背部，防止污染背部被毛。按照上面两层操作方法试色、涂色，包裹固定（见图 3-1-12）。

⑦ 静置着色。包裹好后静置 30min，等待着色。为加快着色速度，可用吹风机加热 10～15min，加热时不要让风筒离被毛太近，防止损伤被毛。

⑧ 冲洗吹干。将锡箔纸从下至上逐层小心打开。先将周围未染色被毛打湿并涂好浴液，防止染色部位冲洗掉的颜色污染到未染色被毛。将尾球涂上浴液，轻轻揉搓，用清水冲洗干净。调低吹风筒温度彻底吹干被毛，梳理通顺。

⑨ 精修造型。进一步精修尾球，将尾球颜色的层次充分展现（见图 3-1-13）。

图 3-1-11 第 2 层包裹固定　　图 3-1-12 第 3 层包裹固定　　图 3-1-13 尾球染色效果图

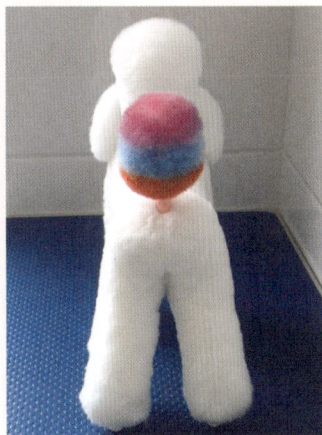

⑩ 边染色边对照实施单（见工作手册）检查染色流程与效果，记录染色时间。

（2）渐变染色操作

以蓝→绿→黄渐变在宠物背部做心形图案为例，执行渐变染色操作。

❶ 修剪轮廓。在宠物身上修剪出"心形"的大致轮廓，将周围被毛剪短，突出造型轮廓。

❷ 分区隔离。用美纹纸将不染色区域被毛按照修剪造型从毛根隔离，也可在染色区域周围涂抹专业防护膏或护毛素，防止非染色区域被毛上色。

❸ 调色。分别用媒介膏调好蓝色与绿色染膏。调色时染色刷顺时针搅拌，混合均匀。随时调节媒介膏与色色膏的比例，并在白纸上试色，直到调到满意的颜色。

❹ 涂色。从染色区域的一侧，用染色刷蘸取适量的蓝色染膏涂抹并均匀刷开，保证所有被毛均匀染色。取适量的绿色染膏加入蓝色染膏中混匀调色，从蓝色的边界开始涂色，延展一定宽度，涂抹均匀，完成从蓝色到绿色的渐变；继续加大绿色染膏

渐变染色

用量进行调色过渡，逐渐过渡到绿色，最后在绿色染膏中继续加适量媒介膏，逐渐变淡趋近于黄色。

⑤ 静置着色。静置 30min，等待着色。为加快着色速度，可用吹风机加热 10～15min，加热时不要让风筒离被毛太近，防止损伤被毛。

⑥ 冲洗吹干。先将周围未染色被毛打湿并涂好浴液，防止染色部位冲洗掉的颜色污染到未染色被毛。拆掉分界用的美纹纸，将染色区域涂上浴液，轻轻揉搓，用清水冲洗干净。调低吹风筒温度彻底吹干被毛，梳理通顺。

⑦ 精修雕刻造型。将心形图案之外非染色区域被毛进一步修剪平整，修短，以突出心形造型。将非染色区域误染带有颜色的被毛剪掉。用直剪雕刻心形轮廓边缘与弧面，将多余毛修剪干净，使造型有立体感。

⑧ 边染色边对照实施单（见工作手册）检查染色流程与效果，记录染色时间。

3.染色的注意事项

① 染色效果由宠物被毛底色与毛质决定，白色被毛宠物染色效果与染色膏颜色接近，其他颜色可能与染色膏有色差。染色前要告知宠物主人，以防发生纠纷。染色后不用白毛专用浴液洗澡，防止颜色变淡。

② 染色前将宠物被毛完全梳理通顺。

③ 若染色膏不慎掉在其他部位被毛上，不要直接用手擦，可涂去除液。

④ 扎皮筋时不能扎在皮肤上，松紧适宜，以免血液不流通，造成皮肤坏死。

⑤ 染色前要取少量染剂涂于犬耳缘皮肤部位，5～10min 后观察耳朵是否出现红、肿、痛、痒等现象，这一过程为试敏，每次染色前都要试敏。

🐾 任务评价

依据考核单（见工作手册）评价创意染色作品的染色过程、染色效果及素质目标达成情况。

🐾 任务拓展

创意染色作品

创意染色可根据宠物主人的喜好、美容染色的主题再结合模特犬特点进行创作与发挥，创意造型千姿百态、别出心裁。图 3-1-14 为各种特色创意作品。

"天使的翅膀"
创意染色作品

骄傲的布偶猫（安妮作品）　　圣诞老人（安妮作品）　　梦幻荷花（段素云作品）

狮子王辛巴（安妮作品）　　荷塘月色（刘寅作品）　　淘气的蜗牛（吴妍作品）

彩色妖姬（沈乐乐作品）

梦幻蝴蝶（吴妍作品）　　雅致兰花（吴霖春作品）　　美人鱼（吴妍作品）

图 3-1-14　创意染色作品

任务 3-2

萌宠装创意头型设计与修剪

知识目标

1. 阐述创意头型修剪的条件与要求。
2. 理解创意头型修剪步骤。

能力目标

1. 能修剪小圆头头型。
2. 能根据宠物特点设计创意头型并进行修剪。

素质目标

1. 创新能力：关注宠物美容行业宠物造型设计最新前沿动态，汲取灵感，设计具有创意的个性化头部造型。

2. 审美能力：根据宠物特点与宠物主人喜好，设计既符合时尚潮流又符合宠物个性的头型。注重整体比例协调性，展现最佳视觉效果。

3. 沟通能力与服务意识：与宠物主人充分沟通，结合主人喜好与宠物自身特点设计并实施创意造型。

对应标准

《宠物美容与护理职业技能评价规范》，宠物美容（高级）;《宠物美容职业技能等级》，宠物美容（高级）。

适应岗位

宠物美容师、美容主管、前台、店长。

任务准备

萌宠头毛、头毛骨架、针梳、直剪、弯剪、排梳、模特犬（洗护完毕，被毛拉直，足底毛、腹底毛、肛周毛剃剪完成）。

任务实施

1.模特犬头部条件判定

判断模特犬头部条件，填写实施单（见工作手册）。根据模特犬头部条件选择适合的头部造型。如修剪小圆头模特犬头部被毛长度正望能够连接成圆形或接近圆形，且耳位不可过高。

2.创意头型修剪

以小圆头修剪为例，执行修剪过程。

（1）梳理被毛

排梳沿头部毛流生长方向梳毛，使整个头部被毛蓬松。以鼻镜为中心，将口吻被毛按照毛流生长方向梳理成"菊花"状，见图3-2-1。

图3-2-1　梳理被毛

（2）修剪口吻上部

将两内眼角杂毛修剪干净。剪刀水平或稍向内倾斜修剪口吻上部平面，将眼睛正望露出 2/3，如果模特犬眼睛较小，可将眼睛全部露出。正望见图 3-2-2，侧望见图 3-2-3。

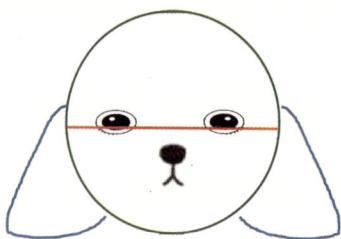

（a）修剪线条示意　　　　　　（b）修剪效果示意

图 3-2-2　正望修剪口吻上部

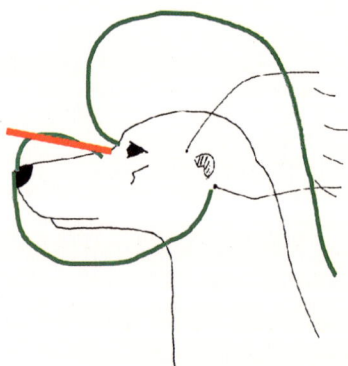

（a）修剪线条示意　　　　　　（b）修剪效果示意

图 3-2-3　侧望修剪口吻上部

（3）修剪正面圆形轮廓

参照图 3-2-4～图 3-2-7 进行分步修剪。先观察整体头部轮廓，以两眼之间中 A 点为中心，用直剪确定下颌毛长并修剪成一条直线（见图 3-2-4）。确定头部两侧与头顶被毛长度，使 A 点至头部两侧、头顶与 A 点至下颌长度均相等。确定好被毛长度后将左右上三个平面修剪好，使头部近似成正方形（见图 3-2-5）。修剪时注意直剪刀尖始终与头部的水平面保持垂直。修剪头部两侧时，修剪的垂直深度在上耳根前侧（见图 3-2-6）。按照图 3-2-7 中标注的①②③④顺序去角修圆。

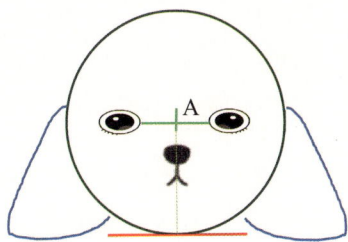

（a）修剪线条示意 （b）修剪效果示意

图 3-2-4　修剪下颌被毛

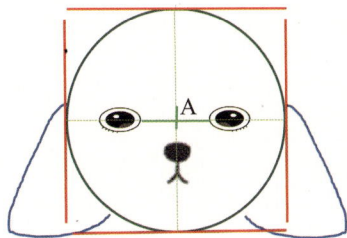

（a）修剪线条示意 （b）修剪效果示意

图 3-2-5　修剪头部呈正方形

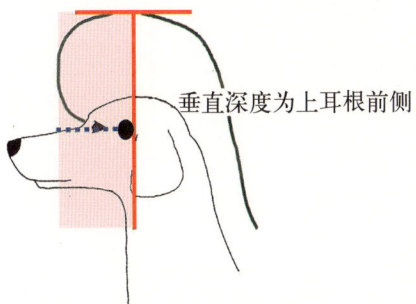

垂直深度为上耳根前侧

（a）修剪线条示意 （b）修剪效果示意

图 3-2-6　修剪深度

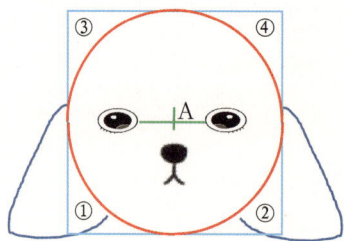

（a）修剪线条示意　　　　　　（b）修剪效果示意

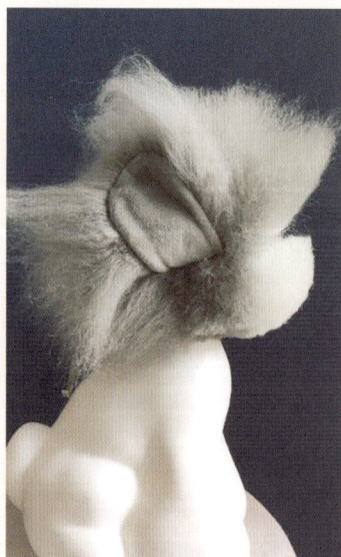

图 3-2-7　去角修圆

（4）修剪侧脸及下颌被毛

抬起耳朵，在耳孔下侧修剪一个垂直痕迹（见图 3-2-8）。将下颌与耳根下方、口吻前侧平面相交的棱角去角修圆（见图 3-2-9）。

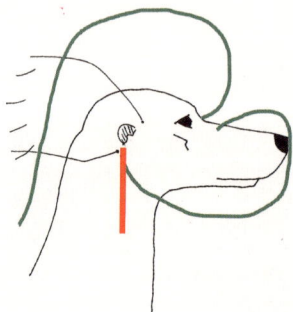

（a）修剪线条示意　　　　　　（b）修剪效果示意

图 3-2-8　修剪垂直痕迹

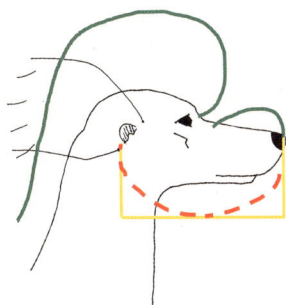

（a）修剪线条示意   （b）修剪效果示意

图 3-2-9　包圆侧脸

（5）修剪额段被毛

整理眼睛上方被毛，从眼睛位置出发，倾斜 45°～60° 修剪眼睛上方，再逐渐向头顶包圆将额段被毛修剪圆润（见图 3-2-10）。

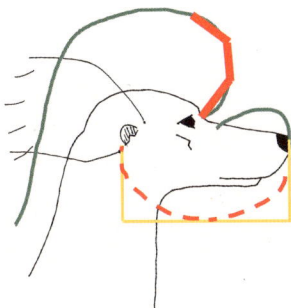

（a）修剪线条示意   （b）修剪效果示意

图 3-2-10　额段被毛修剪圆润

（6）修剪耳朵

整理耳朵被毛，沿耳朵位置分出耳朵与头部界限（见图3-2-11）。将耳朵被毛梳顺，将耳朵下端修剪成圆弧形，耳朵留毛长短视要求而定，一般情况下，圆头的轮廓大，耳朵留毛短；圆头轮廓小，耳朵留毛长，体现出反差与对比。刀尖分别向左右外眼角外侧分别倾斜15°～30°修剪额段被毛，具体操作方法同任务1～2犬局部基础修剪中的修剪额段被毛方法。

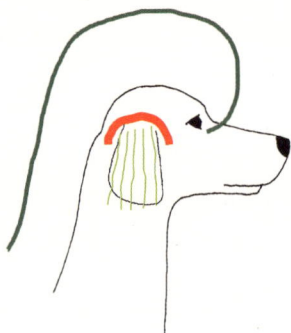

（a）修剪线条示意   （b）修剪效果示意

图3-2-11　修剪耳根

（7）精修整个头部，将所有面与面相交的棱角修圆。

（8）边修剪边填写实施单（见工作手册），对照修剪效果，记录修剪时间。

🐾 任务评价

依据考核单（见工作手册）评价萌宠装创意头型设计与修剪效果。

🐾 任务拓展

贵宾犬造型百变多样，广受养宠人士喜爱。目前主要流行的萌系头型有公主头、蘑菇头、花生头等。每一种头型变化的关键之处在于头部，耳朵，嘴圈大小、形状、位置的变化，每种头型对模特犬被毛长短均有不同要求，以下8种萌宠装头部造型图（见图3-2-12）。

萌系头型的介绍与比较

公主头

蘑菇头

花生头

公主头修剪

蘑菇头修剪

花生头修剪

萝莉头

耳机头

莫西干头

茶花头

贝林熊头

图 3-2-12　萌宠装头部造型图

项目四
宠物服饰制作与搭配

任务 4-1
宠物围巾的制作

知识目标

归纳宠物围巾制作流程。

能力目标

1. 会使用缝纫机。
2. 能正确、安全地使用针线进行缝制。
3. 根据宠物特点设计一款合适、美观的围巾样式。
4. 能制作一个适合宠物佩戴的围巾。

素质目标

1. 创新与审美能力：根据宠物品种、体形、毛色与性格特点，设计既实用又时尚的围巾款式，培养创新能力和审美能力。
2. 文化传承与创新：在宠物围巾样设计中融入传统文化元素，展现民族特色，促进文化多样性与创新性。
3. 团队协作能力：通过小组协作，共同设计并制作不同样式的围巾，培养团队协作能力。

对应标准

《宠物美容与护理职业技能评价规范》，宠物美容（高级）;《宠物美容职业技能等级》，宠物美容（高级）。

🐾 适应岗位

商品销售、前台、美容主管、宠物美容师。

🐾 任务资讯

1.裁剪布料原则

❶ 确保裁剪尺寸精确，按照设计图或样板进行裁剪，根据布料质地、纹理、图案等合理安排裁剪方向与布局，最大化利用布料。

❷ 裁剪时要确保布料平整，避免褶皱、歪斜，确保线条流畅。使用合适的裁剪工具与操作方法，保障裁剪过程中安全。

❸ 合理规划裁剪方案，提高布料利用率。按照从上至下，从左至右顺序裁剪布料，避免浪费。

2.制作围巾布料材质的选择

（1）小型宠物

❶ 柔软性。小型宠物通常体形较小，皮肤敏感，围巾材质需更加柔软，以减少对皮肤的刺激。

❷ 轻盈性。小型宠物体重较轻，佩戴过重的围巾可能引起不适，要选择轻盈、柔软的材质，比如丝绸或轻薄的棉质等。

❸ 保暖与透气性。对于生活在寒冷地区的小型宠物，冬季围巾要具有良好的保暖性能，同时兼具透气性，有助于宠物保持干爽舒适，减少因长时间佩戴而产生的闷热感。

❹ 安全性。对于小型宠物来说，围巾的材质需要确保没有尖锐的边缘，以避免对宠物造成伤害。选择不易产生静电、减少过敏风险、无刺激性的材质确保宠物佩戴安全。

（2）大型宠物

❶ 耐用性。大型动物通常体形较大，活动量大，因此围巾需要承受更多的摩擦和拉扯，选择耐磨、耐撕扯的材质，确保围巾的耐用性，最好不要选择蕾丝等复杂的材质。另外，大型宠物的围巾也普遍较大，尽量以选择材质厚实、相对挺直、硬质布料为主，不易变形，保持美观。

❷ 易清洁性。大型宠物可能更容易弄脏围巾，因此可选择易清洁、易干燥的材质，可以更加方便地进行清洗和保养。

❸ 保暖与透气性。与小型宠物相比，生活在寒冷地区的大型宠物同样也需要保暖，同时也要兼具透气性。

🐾 任务准备

布料、针线、4cm 包边条、缝纫机、饰品材料（绸带、珍珠、小花等）、测量尺、裁剪剪刀、胶枪、打板纸、水消画笔、模特犬。

🐾 任务实施

1.测量颈围尺寸

根据图 4-1-1 测量以下数据并填写实施单（见工作手册）。图中 A 为两侧耳根宽度；B 为下颌至两腿之间高度；C 为颈围即围绕颈部最粗处一周的长度，颈围制作尺寸相比实际测量尺寸增加 2cm。

2.绘制板型

在打板纸上画出半边围巾图（见图 4-1-2）。围巾宽度稍大于 A 或与 A 同宽，围巾的高度不超过 B。为参考任务资讯 3 根据设计的围巾形状改变纸板形状。沿图纸边缘将图纸剪下。

图 4-1-1　测量颈围尺寸图示　　　　图 4-1-2　半边围巾图

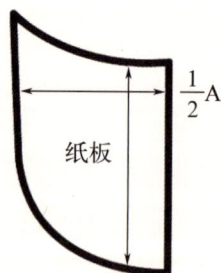

3.裁剪布料

　　将裁好的纸型放置棉布，用水消画笔在棉布上画出围巾轮廓的表布与包边条（见图4-1-3）。把表布对折，所有需缝制的部分均放大1cm缝份（缝份：缝线至布边的余量）剪下。包边条宽度均为4cm，包边条1的长度为围巾下弧线的长度，包边条2的长度为大于颈围并能系扣的长度，保证成品可围系在宠物颈部。剪下所需长度的表布与包边条，制作宠物围巾。每个围巾需2个表布、1个包边条1和1个包边条2（见图4-1-4）。

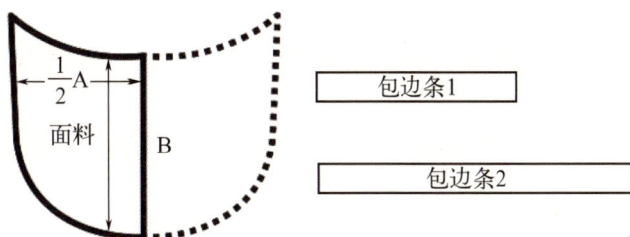

图 4-1-3　围巾与包边条图示

图 4-1-4　围巾与包边条裁剪

4.缝制围巾

（1）缝制表布

❶ 将两片表布正面向内对齐相合，在1cm缝份处用棉线缝合，留出4cm返口（返口：布边缝好缝份为翻折预留的边缘）（见图4-1-5）。

图 4-1-5　表布缝合并留出返口

❷ 从返口处翻出正面抻平，延距离四周边缘0.5cm处压一圈明线（见图4-1-6）。

明线距布边缘0.5cm

图 4-1-6　正面压明线

（2）缝制包边条

❶ 将包边条 1 的正面与围巾下弧线对齐贴合，反面朝外，1cm 缝份缝合（见图 4-1-7），再将包边条折向围巾另一面边缘，回折 1cm 将围巾边缘完整包住，正好使包边条在围巾两面分别留出 1cm 宽度，宽度一致最为美观（见图 4-1-8）。在距离边缘 0.8cm 处对整个弧形进行缝制（见图 4-1-9）。围巾下弧线缝制后效果见图 4-1-10。

1cm

图 4-1-7　1cm 缝份缝合

包边条4cm，围巾正反两面折叠后正好每面留有1cm长度

图 4-1-8　包边条 1 包住围巾边缘

❷ 将包边条 2 用图 4-1-8 所示同样的方法将围巾上端包裹住，围巾上端两侧多出来的包边条作为围巾的系带，预留同样的长度。可提前用固定针将围巾居中固定在包边条 2 的中间位置（见图 4-1-11），固定位置后沿边缘 0.8cm 进行缝制（见图 4-1-12）。两侧多出来的包边条将作为围巾的系带。制作时，包边条 2 可多预留出一些尺寸，确保宠物可以佩戴。

图 4-1-9　0.8cm 处缝制

图 4-1-10　围巾下弧线缝制后效果图

图 4-1-11　固定针固定包边条与围巾

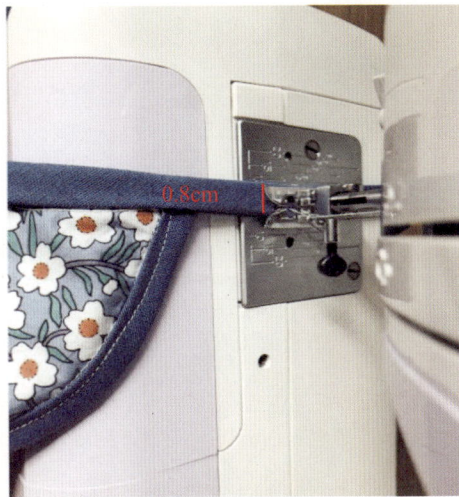

图 4-2-12　包边条 2 缝制

5.围巾装饰

　　成品制作完成（见图 4-1-13），也可根据喜好在围巾上装饰小花、蕾丝边、蝴蝶结等。

　　边制作边对照实施单（见工作手册）检查操作是否正确，记录制作时间，制作后将宠物围巾展示照片放入实施单中。

图 4-1-13　宠物围巾作品展示

🐾 任务评价

依据考核单（见工作手册）评价宠物围巾的制作过程和效果。

🐾 任务拓展

宠物围巾造型展示

佩戴不同样式的围巾呈现出不同的造型效果，见图 4-1-14。

图 4-1-14 宠物围巾造型展示图集

任务 4-2
宠物领结的制作

知识目标

1. 了解领结的作用。
2. 阐述领结制作流程与方法。

能力目标

1. 能执行藏针法的缝制操作。
2. 能根据宠物特点设计一款合适、美观的领结样式。
3. 能制作一个适合宠物佩戴的领结。

素质目标

1. 审美能力：具有独特审美眼光与搭配能力，根据宠物品种、体形、毛色与性格特点，设计既实用又时尚的领结款式。
2. 文化传承与创新：将宠物领结样式融入传统文化元素，展现民族特色，促进文化多样性与创新性。
3. 团队协作：通过小组协作，共同设计并制作领结，培养团队协作能力。

对应标准

《宠物美容与护理职业技能评价规范》，宠物美容（高级）;《宠物美容职业技能等级》，宠物美容（高级）。

商品销售、前台、美容主管、宠物美容师。

🐾 **任务资讯**

藏针法的操作方法

在点 1 从表布内向外出针，再将针穿到另一边点 2，由点 2 隔一段针距平行到点 3 穿上来，再从对侧由点 4 平行入点 5 穿出，以此重复操作，最后将线抽紧，即完成表面看不到缝线的藏针缝法（见图 4-2-1）。

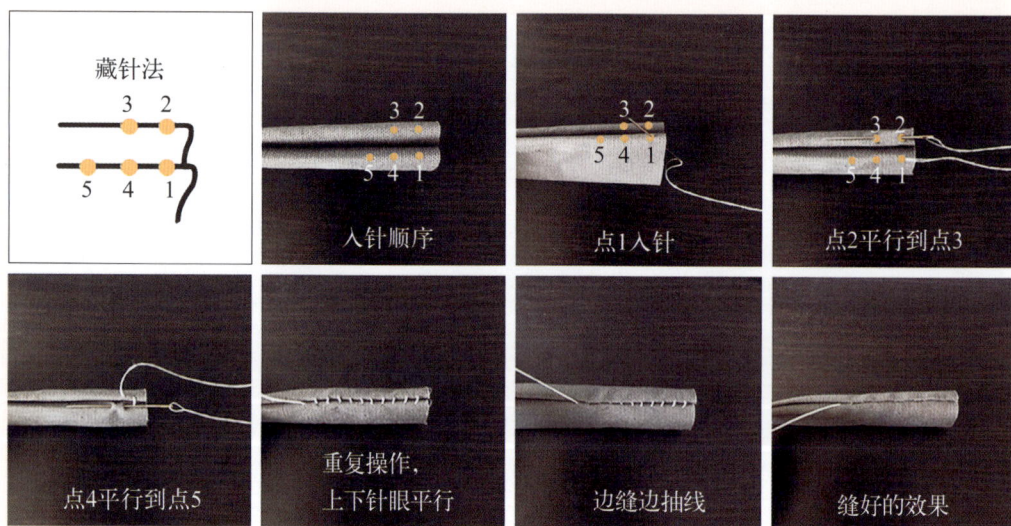

图 4-2-1　藏针缝法图解

🐾 **任务准备**

布料、针线、4cm 包边条、缝纫机、填充棉、测量尺、裁剪剪刀、打板纸、水消画笔、模特犬。

任务实施

1.测量宠物颈围

测量颈围并记录数据，记录数据比实际测量尺寸增加2cm，填写实施单（见工作手册）。

2.绘制领结尺寸板型

在打板纸上分别绘制A、B、C、D图纸，并沿图纸边缘剪下。A为蝴蝶结部分，B为蝴蝶结中间绑带，C、D分别为左右两侧领结（见图4-2-2）。

根据身高与体长比例、颈围，适当调整蝴蝶结的大小。本任务模特犬的颈围为34cm，左右领结长度以能围住颈部为准，分别为17cm。制作完的蝴蝶结长度在颈围的半径与直径之间。蝴蝶结宽度要小于领结宽度。绑带以能圈住蝴蝶结的长度为准，宽度不宜过宽。

领结尺寸板型，见图4-2-2。

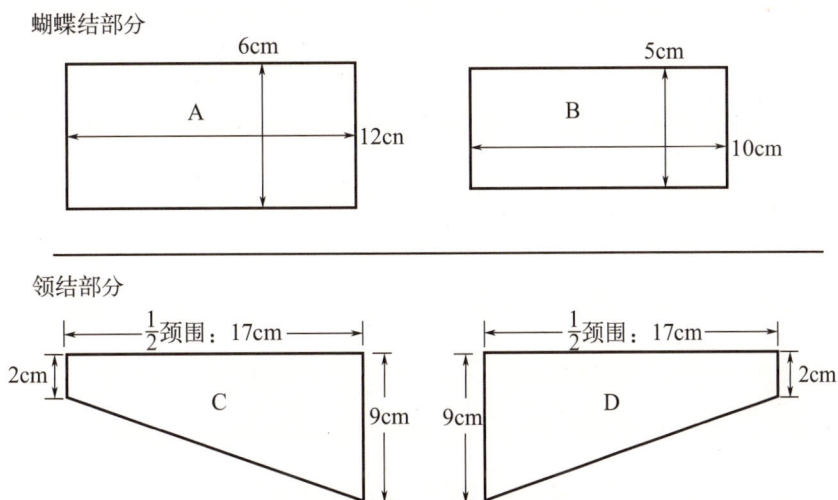

蝴蝶结部分

6cm	5cm
A 12cn	B 10cm

领结部分

$\frac{1}{2}$颈围：17cm 2cm C 9cm

$\frac{1}{2}$颈围：17cm 9cm D 2cm

图 4-2-2　领结尺寸板型

3.裁剪布料

用裁好的纸型在棉布上画出所需面料的表布，所有需缝制的部分均放大1cm缝份剪下。蝴蝶结部分裁剪2块A表布、1块B绑带；领结部分裁剪2块C表布、2块D表布；包边条长度超过颈围并能系带为宜，本次裁剪80cm（见图4-2-3）。

图 4-2-3　蝴蝶领结面料裁剪

4.缝制领结

（1）蝴蝶结部分

将两块 A 表布正面相合，见图 4-2-4（a），1cm 缝份用与布料相似的棉线缝合四边，留出 2cm 返口，见图 4-2-4（b）。从返口处翻出正面，见图 4-2-4（c），将填充棉填充至内部，见图 4-2-4（d）。藏针法缝合返口，见图 4-2-4（e）。将 B 绑带正面相合对折，1cm 缝份用与布料相似的棉线缝合，见图 4-2-4（f），留出两侧返口，从返口处翻出正面。沿左右两侧 0.5cm 处压一圈明线。将 B 紧绕在 A 中间，使其产生自然褶皱，见图 4-2-4（g）与（h）。将 B 没有缝合痕迹的内侧翻出，隐藏缝合痕迹。

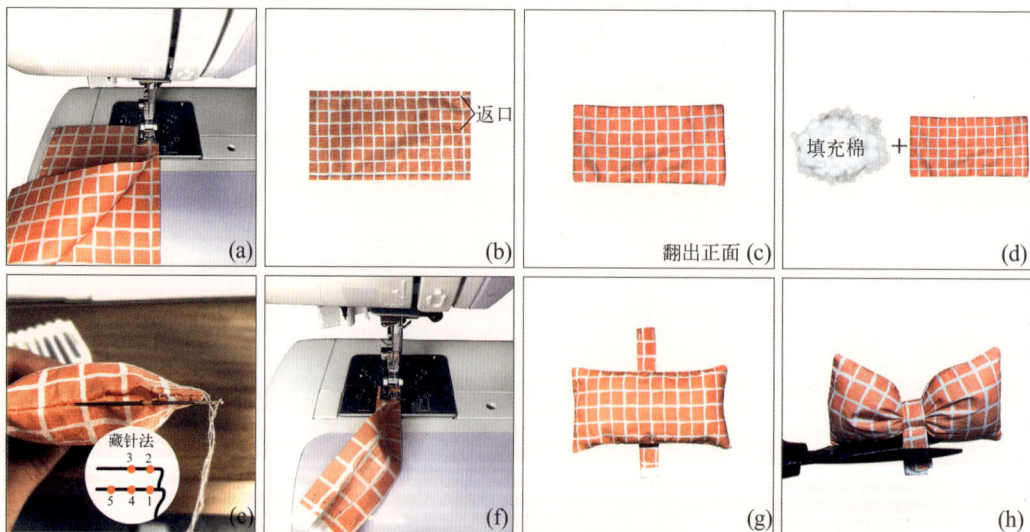

图 4-2-4　蝴蝶结缝制步骤

（2）领结部分

将 C、D 的左右两边由正面向反面折 1cm，C1D1、C2D2 组合正面相对进行虚线位置缝合，虚线位置为 0.8cm 缝份，两侧箭头处各 2cm 不做缝合，预留出串绳位置（见图 4-2-5）。缝制后从预留口处翻出正面（见图 4-2-6）。

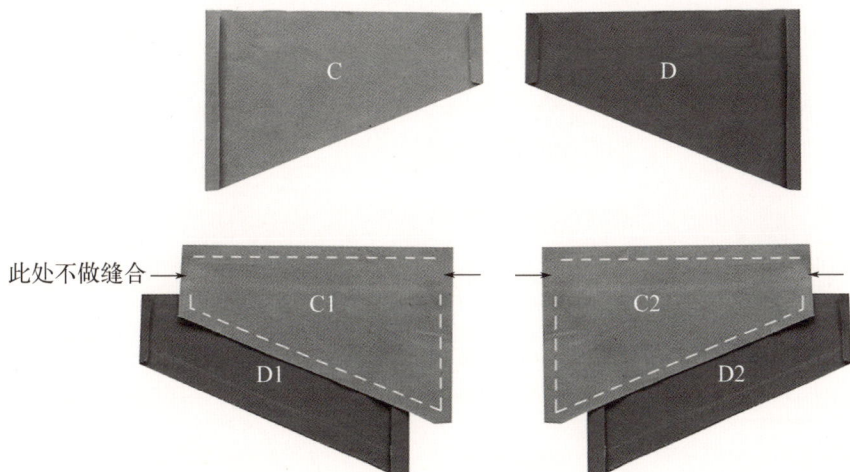

图 4-2-5　缝制领结并预留串绳位置

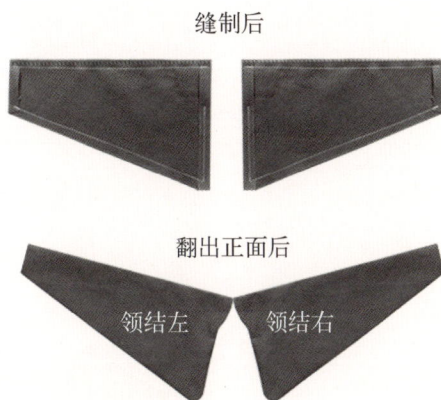

图 4-2-6　领结缝制步骤

（3）系带部分

将包边条正面相对左右对折，1cm 缝份进行缝制，一端留返口，从返口处将正面翻出，将返口处边缘向内折 1cm，藏针法缝合返口（见图 4-2-7）。

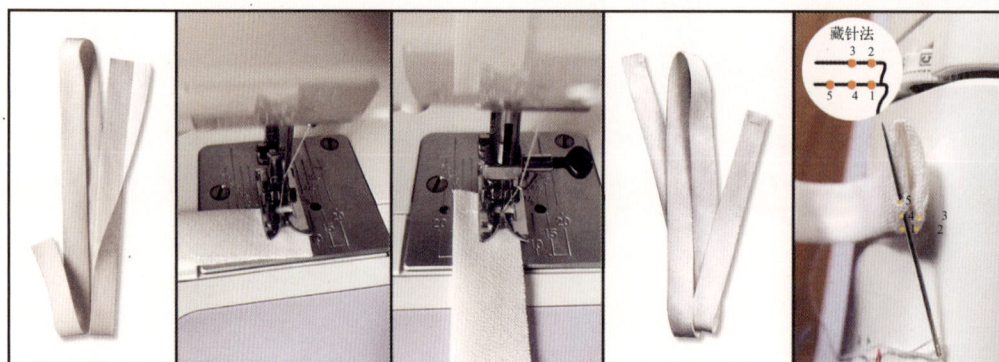

图 4-2-7　系带缝制步骤

5.进行组合

将系带的一端分别依次穿入领结左、蝴蝶结、领结右（见图4-2-8），连接成蝴蝶结领结（见图4-2-9）。制作时可根据创意做出不同形状的领结与蝴蝶结进行搭配。

系带　　》》　　领结左　　》》　　蝴蝶结　　》》　　领结右

图 4-2-8　蝴蝶领结组合步骤

图 4-2-9　蝴蝶领结作品展示

边制作边对照实施单（见工作手册）检查操作是否正确，制作后将领结展示照片放入实施单中。

🐾 任务评价

依据考核单（见工作手册）评价宠物领结的设计和制作效果。

🐾 任务拓展

宠物蝴蝶结饰品的制作

宠物蝴蝶结饰品可以帮助宠物打造更加可爱时尚的形象，也可以作为宠物的配饰，与服装、项圈等搭配使用。蝴蝶结的材质选择需要考虑安全性、耐用性与舒适度，一般选择棉质、丝绸等材料制作。

手工制作蝴蝶结

任务 4-3
宠物马甲的制作

知识目标

1. 熟悉颈围、背长、胸围等体尺标准。
2. 阐述宠物服装制版各部位名称。

能力目标

1. 能完成颈围、背长、胸围等体尺的测量。
2. 能根据宠物特点选择合适的布料与样式设计宠物马甲。
3. 能结合模特犬体尺，画出板型并制作宠物马甲。

素质目标

1. 创意与审美：具有独特审美眼光与搭配能力，根据宠物品种、体形、毛色与性格特点，设计既实用又时尚的款式。
2. 文化传承与创新：将传统文化元素融入到宠物马甲样式与图案设计中，展现民族特色，促进文化多样性与创新性。
3. 团队协作：通过小组协作，共同设计并制作马甲，培养团队协作能力。

对应标准

《宠物美容与护理职业技能评价规范》，宠物美容（高级）;《宠物美容职业技能等级》，宠物美容（高级）。

商品销售、宠物美容师、前台。

任务资讯

犬体尺测量

1.犬的体尺测量标准

❶ 体高（或叫耆甲高）。肩胛骨顶点到地面的垂直高度。

❷ 体长。胸骨前缘到坐骨突起的水平距离。

❸ 背长。颈后至尾根的长度。测量时要保持宠物直立，身体充分展开，保证测量的准确性。

❹ 颈围。绕犬只颈部一圈的周长尺寸，通常选取犬颈部最粗的部位（一般在靠近肩部上方、喉咙稍往下的位置）进行测量。

❺ 胸围。绕宠物身体胸部最丰满处一圈的周长尺寸。一般在前腿后方、沿肩胛骨后缘进行环绕测量。

2.宠物服装制版各部位名称

图 4-3-1 分别展示了宠物俯视、仰视、侧望的服装制版各部位名称与位置。

❶ 领围。围绕宠物服装领口边缘的线条，一般比颈围多 1～2cm，前片上的领围为前领围，后片上的领围为后领围。

❷ 后中心线。位于宠物服装背部正中心位置，是从前领围中间至尾根的线条。后中心线将宠物犬服装的后背部分从正中间一分为二，起到了划分左右两侧、明确对称基准的作用。

❸ 后袖笼弧线。从肩线处开始，绕前腿外侧半圈的弧线。

❹ 后背宽线。两侧后袖笼弧线最高处在背部的弧形距离。后背宽线体现背部宽度的横向线条，对应宠物后背的宽窄程度。

❺ 肩线。连接服装左右肩部最高处或最外侧端点的线条，是前后片领围交界处与前肢前侧袖笼弧线交界处的直线连接。准确的肩线设计可以确保宠物肩部能自如活动，服装也能保持良好的形态。

❻ 前中心线。前领围最低点至腰围线与腹围线之间，其长度可以根据宠物实际情况调节。雄犬前中心线需稍短。

❼ 前袖笼弧线。从肩线处开始，绕前腿内侧半圈的弧线。

❽ 前胸宽线。两侧前袖笼弧线最低处在下胸的弧形距离。

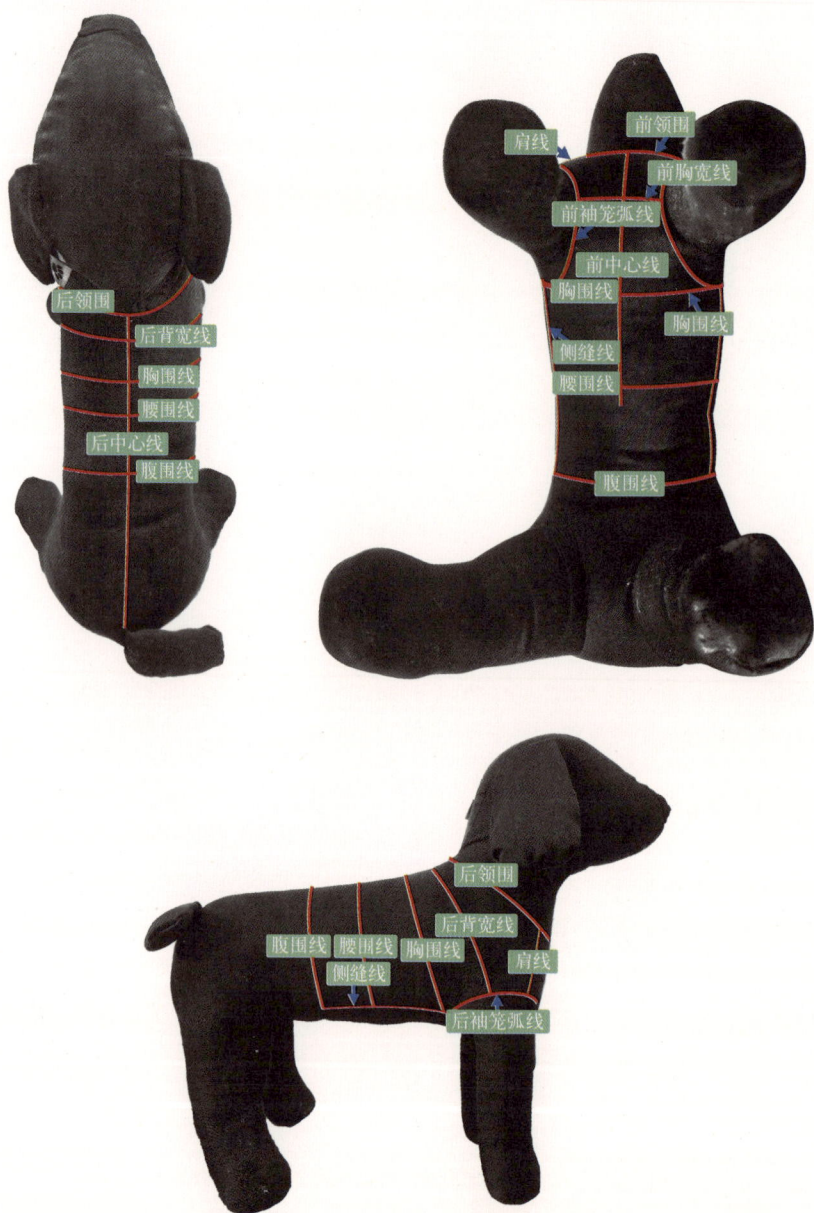

图 4-3-1　宠物服装制版各部位名称与位置

⑨ 侧缝线。从腋窝下方起始，沿着宠物身体侧面延伸至服装下摆的竖向线条，贴合宠物侧身轮廓，把控服装宽窄、实现合身调整，其形状和位置可根据宠物侧身形态和款式设计需求而变化。

⑩ 胸围线。围绕胸部区域一周的线条，通常处于宠物犬前腿后方、胸廓最突出部位对应的服装位置，从服装整体来看，它勾勒出了胸部这一区域的轮廓范围。

⑪ 腰围线。位于宠物犬身体胸廓下方、腹部上方这一区间，基本对应着宠物犬身体腰部最细的部位。

⑫ 腹围线。位于宠物犬腰部以下、后腿前方区间，是环绕宠物犬腹部最丰满处对应的服装位置所形成的线条。

🐾 任务准备

布料、针线、缝纫机、烫画、4cm包边条、测量尺、裁剪剪刀、打板纸、水消画笔、模特犬。

🐾 任务实施

1.测量体尺

参考任务资讯1，贴皮测量犬的颈围、胸围、和背长（肩胛至尾根距离）数据并记录。模特犬的颈围与胸围实际数据要留有2cm左右余量，背长数据不变。本任务模特犬体尺数据见表4-3-1。

表 4-3-1　模特犬体尺测量数据

测量部位	测量数据 /cm	实际数据 /cm
颈围	30	32
胸围	49	51
背长	34	34

2.绘制后片板型

准备打板纸，一边在实施单（见工作手册）中填写制版数据一边在打板纸上绘图，后片 1/2 的板型，见图4-3-2。

（1）绘制后中心线

后中心线长度为背长，在打板纸上画出后中心线 AF。将 AF 平均分成 5 份，分别标记 B、C、D、E 点。

（2）绘制胸围线、腹围线、腰围线

❶ 胸围线长度=3/5×胸围，由于图4-3-2为后片的一半，即后胸围线长度 = 3/5×胸围 ×1/2。

❷ B 点向左水平延伸，确定胸围线 BG 长度 =3/5×51×1/2=15.3cm。

❸ 腰围线 CH、腹围线 DI 与胸围线长度相等。

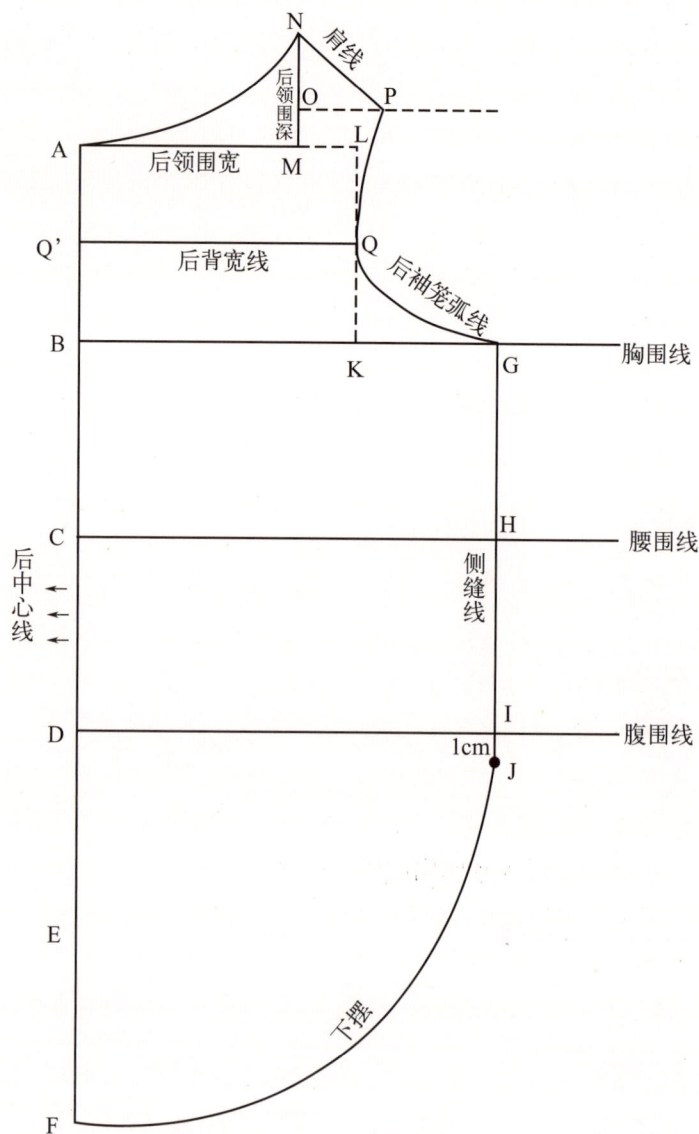

图 4-3-2 后片板型绘制

（3）绘制侧缝线

由胸围线右顶点 G 垂直向下至腹围线 DI 下 1cm，GJ 为侧缝线。

（4）绘制后背宽线

将胸围线 BG 平均分成 3 份，于 2/3 处点 K 向上做垂线，与 A 所在的水平线相交于 L，在 KL 中点 Q 水平向左延伸至 Q'，QQ' 为后背宽线。

（5）绘制后领围（颈围的实际数据为领围数据）

❶ 后领围宽 =1/4× 领围 =1/4×32=8cm。

❷ 后领围深 =1/8× 领围 =1/8×32=4cm。

❸ 距 A 点 8cm 取 M 点，AM 为后领围宽，长度为 8cm。由 M 点向上做垂线 MN，MN 为后领围深，MN 长度为 4cm。

❹ 由 A 点向 N 点画弧线，AN 即为后领围。

（6）绘制肩线

O 点为 MN 的 1/3 处，由 O 水平向右画辅助线，由 N 向辅助线画斜线相交于 P，使 NP 长度为 4cm，NP 为肩线。宠物服装肩线一般为 4cm，根据体形大小有所调整。

（7）绘制后袖笼弧线

取后背宽线 KL 中点 Q，弧形连接 P、Q、G，此弧形为后袖笼弧线。

（8）绘制后片下摆

弧形连接 FJ，为衣服后片下摆。

3.绘制前片板型

前片 1/2 的板型，见图 4-3-3。

（1）绘制前胸围线

❶ 取另一张打板纸，将后片胸围线、腰围线、腹围线位置平移至前片图纸。

❷ 前片胸围线长度 =1/2×2/5× 胸围，即 RS=1/2×2/5×51=10.2cm。

（2）绘制前中心线

❶ 前中心线 =7/10× 背长 –1。

❷ 由腰围线右顶点 T′ 向上做垂线，TT′ 为前中心线，TT′=7/10×34–1=22.8cm。

（3）绘制前颈围

❶ 前领围宽 =1/5× 领围 =1/5×32=6.4cm。

❷ 前领围深 =1/12× 领围 =1/12×32≈2.7cm。

❸ 由 T 水平向左 6.4cm 取点 U，UT 为前领围宽。由 U 点向上做垂线 UV，UV 为前领围深，长度为 2.7cm。

❹ 由 V 向 T 画弧线，VT 即为前领围。

（4）绘制肩线

距离 T 点垂直向下 1cm 处取点 W，由 W 水平向左画辅助线，由 V 向辅助线画斜线相交于 X，使 VX 长度为 4cm，VX 为肩线。VX 一定要与后片肩线 NP 相等。

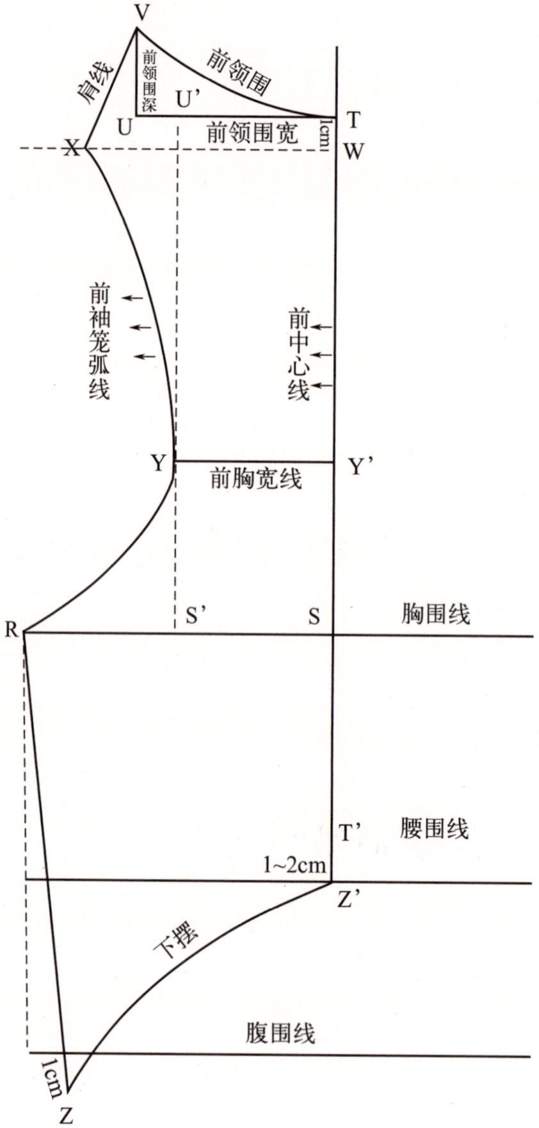

图中标注文字：

V

肩线　　前领围

前领围深　U'

前领围宽　T
U　　　　　W　　1cm

前袖笼弧线　　　　　前中心线

Y　前胸宽线　Y'

R　　S'　　S　　胸围线

T'　腰围线

1~2cm
Z'

下摆

腹围线

1cm
Z

图 4-3-3　前片板型绘制

（5）绘制前胸宽线

❶ 前胸宽线长度 =1/5× 胸围 ×1/2=1/5×51×1/2=5.1cm。

❷ 在距离前中心线左侧 5.1cm 处画垂线 S'U'。S'位于胸围线上，U'位于前领围宽线上。在 S'U' 下 1/3 处取点 Y，沿 Y 点向右做水平线与 TT'相交于 Y'，YY'为前胸宽线。

（6）绘制前袖笼弧线

弧形连接 X、Y、R，此弧形为前袖笼弧线。

（7）绘制前片侧缝线

前片侧缝线稍向内收。距离腹围线左顶点 1cm 处取一点，连接 R 与此点，继续向下画至 Z，RZ 即为前片侧缝线，RZ 与后片侧缝线 GJ 长度相等。

（8）绘制前片下摆

在距离 T' 下方 1~2cm 处取点 Z'，弧形连接 ZZ'，为衣服前片下摆。

4.制作马甲

（1）裁剪布料

将布料平铺于桌面，将画出来的打板纸裁剪出来，肩线与侧缝线位置分别预留 0.8cm 缝份（见图 4-3-4）。将打板纸放置于布料上，左右对称用水消笔在布料上画出完整图形（见图 4-3-5）。将前后片分别裁剪出来（见图 4-3-6）。

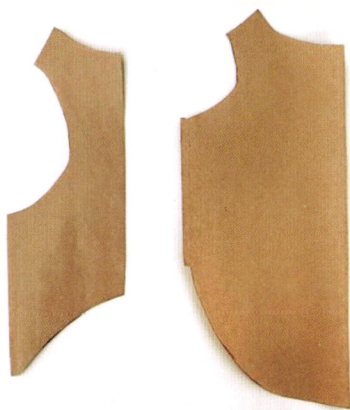

图 4-3-4　裁剪打板纸

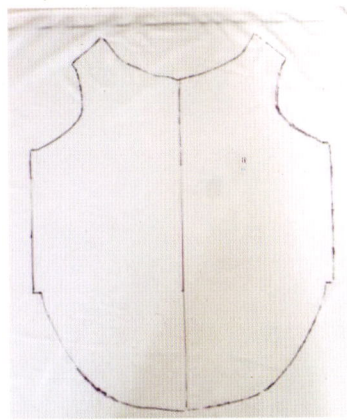

图 4-3-5　按照打板纸在布料上完整画图

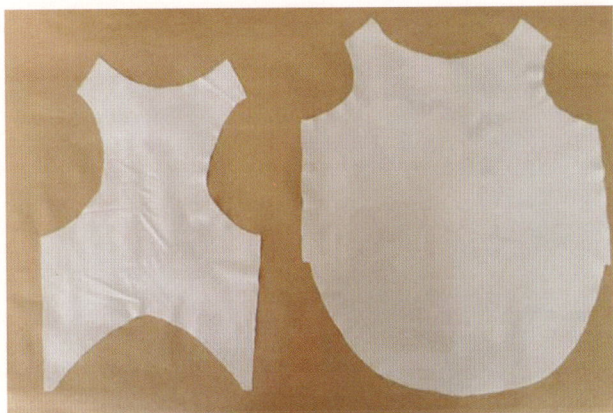

图 4-3-6　裁剪出布料

（2）缝制肩线

将前后片正面向内，肩线重合叠放，距离布的边缘0.8cm处将肩线缝合（见图4-3-7）。缝制后将衣服正面翻出，缝制效果见图4-3-8。

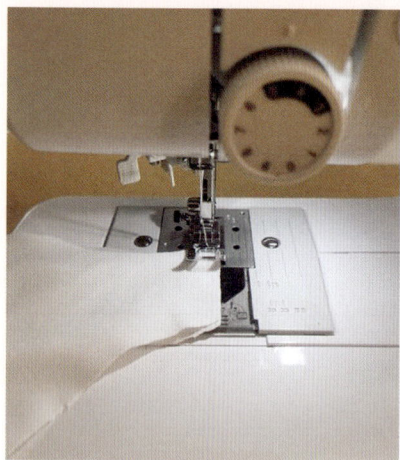

图4-3-7　缝制肩线

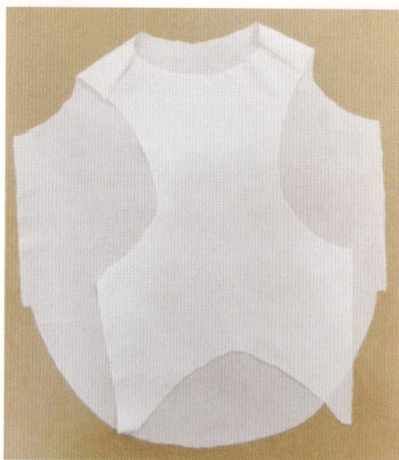

图4-3-8　肩线缝制效果

（3）缝制领口

❶ 包边领口。取宽度为4cm，比领口稍长的包边条，将包边条如图4-3-9对折两次。将对折后的包边条沿领口弧形包住领口，外两侧各预留1cm，一边包住一边用回形针固定，固定后的效果见图4-3-10。

❷ 缝制领口。将包边条处距离边缘0.1cm左右处缝制，边缝制，边慢慢将回形针逐渐拿掉（见图4-3-11）。缝制至结束位置时，将包边条向内折包裹住另一侧包边条布料边缘（见图4-3-12）。领口缝制效果见图4-3-13。

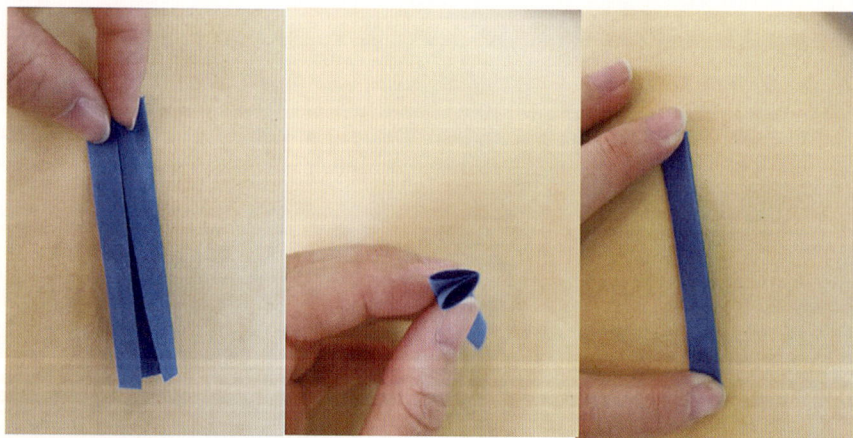

图4-3-9　包边条对折方法

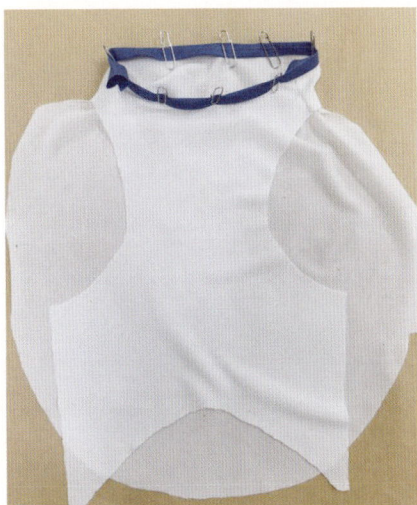

图 4-3-10　回形针固定领口

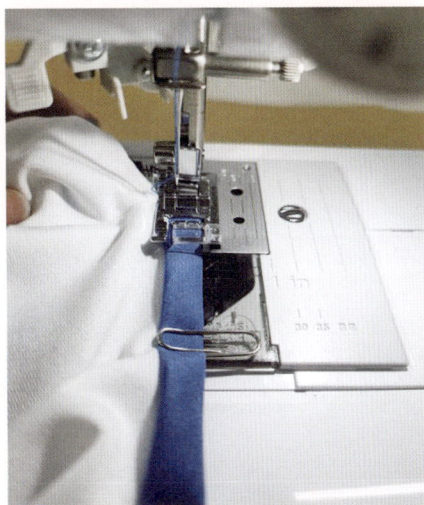

图 4-3-11　领口缝制

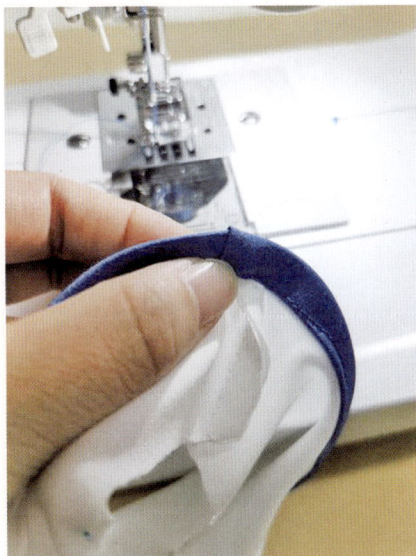

图 4-3-12　包裹边缘

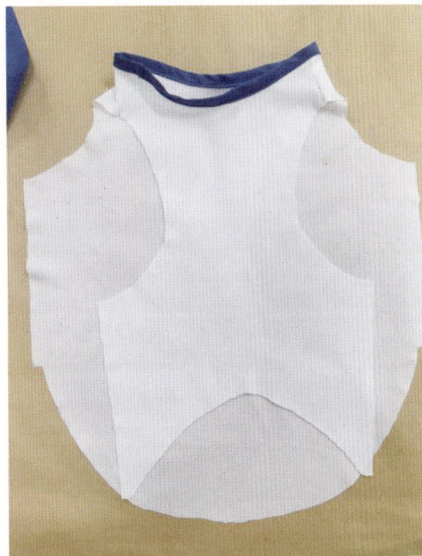

图 4-3-13　领口缝制效果

（4）缝制袖笼

取宽度为 4cm，比袖笼稍长的包边条，采用包边领口同样的方法固定包边条（见图 4-3-14），并缝制一侧袖笼（见图 4-3-15），将两侧袖笼缝制完成（见图 4-3-16）。

（5）缝制侧缝线

将衣服翻出反面朝外，将前片与后片的侧缝线对齐，0.8cm 缝份缝制（见图 4-3-17），缝制后将衣服正面朝外，缝制效果见图 4-3-18。

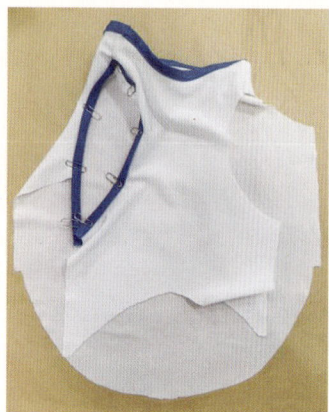

图 4-3-14　固定
一侧袖笼

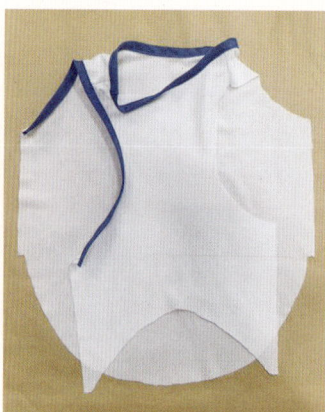

图 4-3-15　一侧袖笼
缝制效果

图 4-3-16　两侧袖笼
缝制效果

图 4-3-17　缝制侧缝线

图 4-3-18　侧缝线缝制效果

（6）缝制下摆

取宽度为 4cm，比袖笼稍长的包边条，用同样的方法包边下摆（见图 4-3-19）并进行缝制，将下包边完成。

图 4-3-19　下摆缝制效果

（7）装饰

将烫画平铺于衣服合适的位置，烫画上平铺一张白纸，熨斗加热后（关闭蒸汽功能）按压烫画位置 10～20s，小心揭开，将烫画印于衣服上，制作效果见图 4-3-20。模特犬穿衣展示见图 4-3-21。

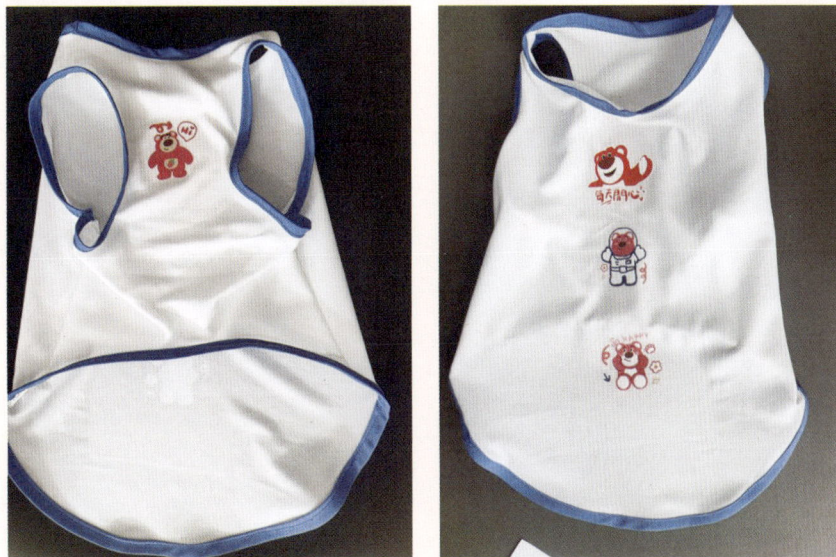

图 4-3-20　马甲制作效果

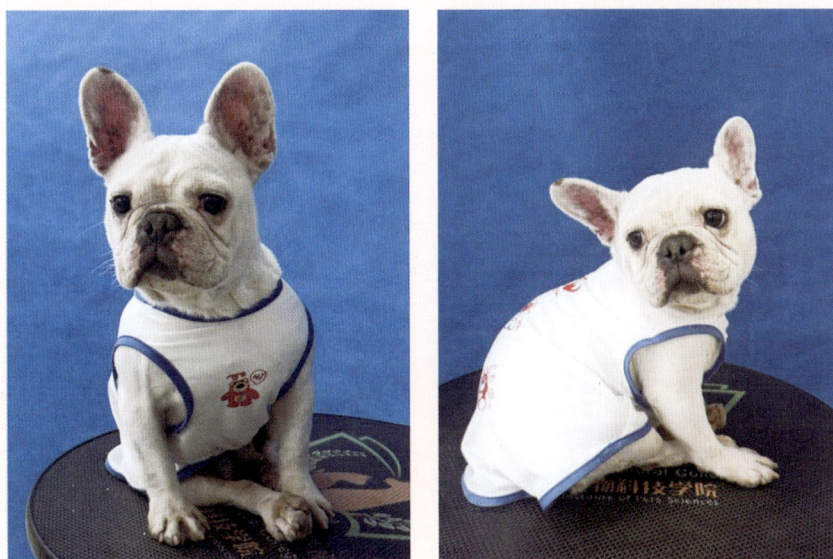

图 4-3-21　模特犬穿衣效果

（8）边制作边对照实施单（见工作手册）检查操作是否正确

依据考核单（见工作手册）评价宠物马甲的制作，重点评价工具的使用、缝制过程与效果。

🐾 任务拓展

宠物服装款式与造型展示

宠物服装款式很多，有马甲、连衣裙、卫衣、T恤等。不同品种犬在性格、体形等方面有一定的差异，所以要根据实际情况为其挑选合适款式的服装。图4-3-22为部分宠物服装款式与造型展示。

图 4-3-22　宠物服装款式与造型展示

参考文献

[1] 王艳立，马明筠. 宠物美容与护理 [M]. 3 版. 北京：化学工作出版社，2020.

[2] 吴孝杰，李和国. 宠物美容与护理 [M]. 北京：中国农业大学出版社，2021.

[3] 杨艳. 宠物美容 [M]. 北京：中国林业出版社，2019.

[4] 西川文二. 狗狗的日常护理与驯养 [M]. 北京：煤炭工业出版社，2019.

[5] 陈张华，张斌，林建和. 宠物美容与护理 [M]. 成都：西南交通大学出版社，2019.

[6] 陈艳新，李志伟. 宠物美容与护理 [M]. 北京：中国农业大学出版社，2019.

[7] 北崛朝治，佐佐佳吴子. 犬美容国际标准教程 [M]. CKU 宠物美容专业技术委员会，译. 北京：中国农业出版社，2018.

[8] 智海鑫. 宠物服装版样制图 200 例 [M]. 北京：化学工业出版社，2019.

[9] 王丽华，孙秀玉. 宠物美容与服饰 [M]. 北京：中国农业出版社，2019.

[10] 李和国，吴孝杰. 宠物饲养 [M]. 北京：中国农业出版社，2021.

[11] 薄涛. 宠物美容与护理 [M]. 北京：中国农业出版社，2022.

[12] 名将宠美教育科技（北京）有限公司. 宠物护理与美容 [M]. 北京：中国农业出版社，2020.

[13] 孟小林. 宠物美容学徒岗位手册 [M]. 北京：中国农业出版社，2021.

[14] 杨艳. 宠物美容 [M]. 北京：中国林业出版社，2019.

目录

任务 1-1　正确使用修剪工具实施单

姓名：					组别：								

<table>
<tr><td colspan="2" rowspan="2">实施步骤</td><td colspan="10">操作标准与结果描述</td><td>备注
（主要遇到
的困难）</td></tr>
<tr></tr>
<tr><td rowspan="14">直剪
使用</td><td>1. 直剪
持拿</td><td colspan="6">手势正确</td><td colspan="3">是□　　否□</td><td></td></tr>
<tr><td rowspan="7">2. 直剪
开合</td><td rowspan="2">方向</td><td rowspan="2">练习时间
/min</td><td colspan="5">有无以下错误方式（有的打"√"）</td><td></td></tr>
<tr><td colspan="2">大拇指
打弯</td><td colspan="2">开合
不到90°</td><td>静刃动</td><td></td></tr>
<tr><td>平衡练习</td><td></td><td colspan="2"></td><td colspan="2"></td><td></td><td></td></tr>
<tr><td>3点钟</td><td></td><td colspan="2"></td><td colspan="2"></td><td></td><td></td></tr>
<tr><td>12点钟</td><td></td><td colspan="2"></td><td colspan="2"></td><td></td><td></td></tr>
<tr><td>9点钟</td><td></td><td colspan="2"></td><td colspan="2"></td><td></td><td></td></tr>
<tr><td>正剪6点钟</td><td></td><td colspan="2"></td><td colspan="2"></td><td></td><td></td></tr>
<tr><td rowspan="7">3. 直剪
运剪</td><td colspan="8">反剪6点钟</td><td></td></tr>
<tr><td colspan="8">有无以下错误方式（有的打"√"）</td><td></td></tr>
<tr><td rowspan="2">方向</td><td>大拇指
打弯</td><td>静刃动</td><td colspan="2">开合
不到90°</td><td>运行方向
不正确</td><td colspan="2">开合慢，
移动快</td><td></td></tr>
<tr><td>正剪横剪</td><td></td><td colspan="2"></td><td></td><td colspan="2"></td><td></td></tr>
<tr><td>正剪竖剪</td><td></td><td colspan="2"></td><td></td><td colspan="2"></td><td></td></tr>
<tr><td>反剪竖剪</td><td></td><td colspan="2"></td><td></td><td colspan="2"></td><td></td></tr>
<tr><td>正剪包圆</td><td></td><td colspan="2"></td><td></td><td colspan="2"></td><td></td></tr>
</table>

3. 直剪 运剪	反剪包圆								

4. 开合与 运剪 打卡日期 （以月为 单位）	月份	1	2	3	4	5	6	7	8	9	10	11	12	

实施步骤		操作标准与结果描述			备注（主要遇到的困难）
直剪使用	5. 保养直剪	及时清理杂毛		是□否□	
		刀头油滴的位置是否正确		是□否□	
		直剪是否及时妥善放置		是□否□	
电剪使用	1. 电剪手持方法练习	手握式操作正确		是□否□	
		抓握式操作正确		是□否□	
	2. 电剪剃剪	使用过程中持拿动作正确		是□否□	
		按照犬体不同部位毛流走向进行剃剪		是□否□	
	3. 保养电剪	剃剪过程中检查刀头是否过热	是□否□	采取刀头降温的方法（　　）	
		刀头拆卸正确		是□否□	
		清理腔室与刀头毛屑，滴刀头油操作正确		是□否□	
		刀头安装准确		是□否□	
	4. 任务完成	卫生清理	是□否□	电剪妥善安置　是□否□	
排梳使用	1. 应用排梳梳毛	手持姿势正确		是□否□	
		先用（　　）齿部分，再用（　　）齿部分			
		梳理顺序：			
		是否大力拉扯，造成犬的疼痛与被毛损伤		是□否□	
	2. 应用排梳挑毛	手持姿势正确		是□否□	
		（　　）°插入毛发根部，沿插入角度抬起针梳，沿（　　）方向轻轻弹起，不翻腕			
		结合各部位毛流生长方向进行挑毛		是□否□	
	3. 去除死毛、整理底毛	手持姿势正确		是□否□	
		将死毛有效去除		是□否□	
	4. 任务完成	卫生清理	是□否□	排梳妥善安置	是□否□

任务 1-1　正确使用修剪工具考核单

姓名：		组别：			
序号	内容	评分标准		分值 / 分	得分 / 分
1	任务 准备 （5分）	准备直剪，调节螺丝调到适合使用的松紧		1	
		电剪充电		1	
		准备排梳		1	
		准备直剪、电剪的保养工具		1	
		准备模特犬		1	
2	直剪 使用 （50分）	直剪开合 （25分）	各方向能在1min内完成30次开合动作 （每个方向不符合标准减1分）	5	
			各方向直剪稳定，静刃不动 （每个方向不符合标准减1.5分）	7.5	
			各方向直剪开合大于90° （每个方向不符合标准减1.5分）	7.5	
			各方向开合大拇指不打弯 （每个方向不符合标准减1分）	5	
		直剪运剪 （20分）	运剪方向正确	7	
			手持直剪平稳，马步扎实	3	
			直剪运行慢，开合快	4	
			每次开合角度大，超过90°	3	
			大拇指不打弯，静刃不动	3	
		保养直剪 （2分）	保养操作正确完成	2	
		素质目标达成 （3分）	刀尖朝向人、宠物或使其受伤停练3天并减1分		
			随意用直剪修剪除被毛以外其他物品减0.5分		
			每天按时按照实施单完成课后练习打卡，缺少1天总分基础上减0.05分		

序号	内容	评分标准			分值/分	得分/分
3	电剪使用（25分）	剃剪过程（12分）		能够选择合适的刀头	2	
				剃剪被毛动作正确，手持稳定	5	
				按照犬体毛流走向剃剪	4	
				在规定时间内完成	1	
		剃剪效果（8分）		留毛长度合适	3	
				剃剪表面平整	5	
		保养电剪（2分）		正确安装与拆卸刀头	1	
				正确清理刀槽并滴刀头油	1	
		素质目标达成（3分）		爱护电剪：摔落或乱放1次减1分		
				电剪未及时清理与保养减1分		
				爱护宠物：剃剪受伤减1分		
4	排梳使用（20分）	梳毛（7分）	梳毛过程	手持姿势正确	2	
				梳毛顺序正确	1	
			梳毛结果	模特犬全身被毛梳通顺，无结	4	
		挑毛（10分）	挑毛过程	手持姿势正确	2	
				结合全身各部位毛流方向正确挑毛	3	
			挑毛结果	将被毛全部挑出，无遗漏	5	
		素质目标达成（3分）		爱护排梳：掉落或乱放减1分		
				梳毛不认真、有毛结减1分		
				正常梳毛，同比掉毛量最多的前3位同学，依次减1分、0.5分、0.3分		
实际得分/分						
考试时间						
主考教师签字：				学生签字：		

注：此考核表可重复使用。

任务1-2　犬局部基础修剪实施单

姓名：				组别：		

实施步骤	操作标准与结果描述					备注 （主要遇到的困难）
1. 修剪平面	有无以下错误方式					
	大拇指打弯	静刃动	开合不到90°	运行方向不正确	开合慢、移动快	
	修剪平整			是□否□		
2. 修剪弧面	有无以下错误方式					
	大拇指打弯	静刃动	开合不到90°	运行方向不正确	开合慢、移动快	
	修剪圆润，圆柱体对称			是□否□		
3. 修剪尾球	尾球修剪刀路正确		是□否□	修剪时间（　）min		
	修剪圆润			是□否□		
4. 修剪脚圈	排梳挑毛方向正确			是□否□		
	控犬姿势正确			是□否□		
	前腿脚圈修剪角度（　　）					
	后腿脚圈修剪角度（　　）					
	修剪对称，圆润		是□否□	修剪时间（　　）min		
5. 修剪眼圈	排梳挑毛方向正确			是□否□		
	控犬姿势正确			是□否□		
	内眼角之间杂毛修剪刀路正确			是□否□		
	额段被毛修剪刀路正确			是□否□		
	修剪圆润，露出眼睛		是□否□	修剪时间（　　）min		
6. 任务完成	卫生清理	是□否□	剪刀是否保养		是□否□	

任务1-2 犬局部基础修剪考核单

序号	内容	评分标准	分值/分	得分/分
1	任务准备（5分）	模特犬、假毛片等准备充分、梳刷完毕，剪刀调节螺丝调到合适松紧	5	
2	平面与弧面修剪（10分）	排梳挑毛方法正确	1	
		一边用排梳配合挑毛，一边修剪	1	
		剪刀平稳，平面与弧面运剪方向正确	2	
		平面修剪平整	3	
		弧面修剪明显、圆润、整齐度高	3	
3	尾球修剪（20分）	排梳挑毛动作方向正确，持剪正确	2	
		尾球修剪刀路正确	4	
		棱角包圆，衔接过渡处理得当	4	
		在规定的时间内完成	2	
		修剪呈球状，整齐度高，表面光滑	8	
4	脚圈修剪（25分）	排梳挑毛动作方向正确，持剪正确	2	
		前、后腿脚圈刀路正确	8	
		棱角包圆，衔接过渡处理得当	3	
		在规定的时间内完成	2	
		角度正确，修剪对称、圆润	10	
5	眼圈修剪（30分）	排梳挑毛动作方向正确，持剪正确	2	
		内眼角之间杂毛修剪刀路正确	6	
		额段修剪刀路正确	6	
		棱角包圆，衔接过渡处理得当	4	
		在规定的时间内完成	2	
		眼睛露出、两眼上方修剪饱满、两眼对称	10	
6	素质目标达成（10分）	时刻关注犬的动作，控犬安全，凡剪伤犬者，停练3天减5分		
		充分利用周围的物品及资源进行任务练习，浪费假毛片减3分		
		有耐心、不断练习、不怕劳累、偷懒减2分		
实际得分/分				
考试时间				
主考教师签字：		学生签字：		

注：此考核表可重复使用。

任务 1-3 长毛犬包毛实施单

姓名：		组别：	

实施步骤	操作标准与结果描述		备注 （主要遇到的 困难）
1. 包一个毛包	做好犬的安抚，犬安静枕在小枕上	是□否□	
	裁好包毛纸，包毛纸大小与毛量匹配	是□否□	
	稀释并喷洒高蛋白润丝液或防静电液	是□否□	
	包毛区域与非包毛区域界限清晰	是□否□	
	包毛纸与橡皮筋使用	（滑面□，摩擦面□）朝向被毛	
		顶端折（　）cm	
		被毛全被包住　是□否□	
		对折后再对折2次　是□否□	
		橡皮筋扎牢，包毛松紧适宜　是□否□	
2. 给贵宾犬包毛	第1分界线：		
	第2分界线：		
	第3分界线：		
	后颈部与背部包毛（　）个		
	两耳包毛	是□否□	
	包毛总个数（　）个	包毛时间（　）min	
3. 给约克夏狸犬包毛	头部包毛	界限：	
	面部包毛	界限：	
		包毛个数：	
	身躯包毛　身躯两侧	界限：	
		包毛个数：	
	身躯包毛　胸部	界限：	
		包毛个数：	
	腿部包毛	界限：	
		包毛个数：	
	包毛总个数（　）个	包毛时间（　）min	
4. 包毛后的处理	卫生清理 是□否□	犬妥善安置 是□否□　工具及材料及时归位 是□否□	是□否□

007

任务 1-3　长毛犬包毛考核单

序号	内容		评分标准	分值 / 分	得分 / 分
1	任务准备 （5分）		工具材料准备齐全	5	
2	模特犬准备 （5分）		被毛拉直，无损伤	5	
3	贵宾犬 包毛 （40分）	包毛过程 （15分）	分界正确，包毛步骤正确	8	
			包毛纸使用正确	5	
			橡皮筋绑定正确	2	
		包毛效果 （25分）	分界清晰、整齐，分界线笔直、无杂毛	10	
			毛包松紧适宜，犬未因太紧而产生不适感，毛包无掉落现象	8	
			毛全都包进，无露毛、掉毛现象	7	
4	约克夏 㹴犬包毛 （40分）	包毛过程 （15分）	分界正确，包毛步骤正确	8	
			包毛纸使用正确	5	
			橡皮筋绑定正确	2	
		包毛效果 （25分）	分界清晰、整齐，分界线笔直，无杂毛	10	
			毛包松紧适宜，犬无因太紧而产生不适感，毛包无掉落现象	8	
			毛全都包进，无露毛、掉毛现象	7	
5	素质目标 达成 （10分）		操作过程中，注意保护犬被毛，随意拉扯减 5 分		
			随意浪费包毛纸与皮筋减 5 分		
	实际得分 / 分				
	考试时间				
	主考教师签字：			学生签字：	

注：此考核表可重复使用。

任务 2-1 贵宾犬拉姆装修剪

任务 2-1-1 拉姆装绘图实施单

姓名：		组别：			
实施步骤	操作标准与结果描述				备注 （主要遇到 的困难）
1. 打格确定画 图区域	打格比例准确			是□否□	
	画图大小适宜，在图纸的正中间			是□否□	
2. 画侧望图	画胸部	胸部形状（　　　）			
		胸部最突出位置在（　　　）			
		胸部起始位置在（　　　）			
	画前肢	前肢前侧起始位置（　　　）			
		前肢后侧起始位置（　　　）			
		前肢脚圈前侧（　　　）°，前肢脚圈后侧（　　　）°			
	画股线	股线（　　　）°			
	画后肢后侧	后躯后侧线条正确		是□否□	
		后肢脚圈后侧（　　　）°			
	画口吻与头冠	口吻长度适中，眼睛、鼻子位置准确		是□否□	
		胸部最前端不超过口吻的（　　　）			
		头冠侧望从（　　　）出发， （　　　）°→（　　　）°→（　　　）°			
		前额最饱满处不超过（　　　）			

实施步骤	操作标准与结果描述					备注 （主要遇到 的困难）
2. 画侧望图	画颈线与背线	背线（　　）°，背线终点位于身体后（　　）处				
		颈部粗细适中			是□否□	
	画腹线	（　　）°			是□否□	
		前肢、腹部与后肢侧望近似相等			是□否□	
	画后肢前侧	后肢前侧线条在（　　）线条的延长线上，前侧与后侧平行			是□否□	
	画耳朵与尾球	耳朵前侧位于（　　），长度不超过（　　）				
		尾球高度不超过（　　）				
	整体修整	将棱角画圆，调整比例			是□否□	
		补齐脚部			是□否□	
3. 画正望图	头冠正望为（　　）形状					
	双腿内外侧线条相互平行，与地面垂直，双腿同粗细				是□否□	
	脚圈对称，与地面呈45°				是□否□	
4. 画后望图	呈（　　）字形					
	臀部宽度约为腿长的（　　）					
	脚圈对称，与地面呈45°				是□否□	
5. 画俯视图	俯视（　　）形状					
	（　　）宽＞（　　）宽＞（　　）宽＞（　　）宽					
	左右两侧相互对称				是□否□	
	线条圆滑，不过分夸张				是□否□	
6. 卫生清理	桌面清理	是□否□	橡皮屑清理	是□否□	整理工具	是□否□

任务2-1-1 拉姆装绘图考核单

姓名：			组别：		
序号	内容	评分标准		分值／分	得分／分
1	任务准备 （5分）	画图工具准备齐全		2	
		贵宾犬品种标准中的体尺比例总结准确		3	
2	画图过程 （10分）	画图不再打格（虽任务实施阶段打格，但在考核时学生应已掌握犬的整体比例，不应再依赖打格）		6	
		画图顺序合理，上下有衔接		2	
		画出侧望、正望、后望、俯视图，无遗漏		2	
3	画图效果 （75分）	侧望图 （45分）	大小、位置适宜，整体比例协调	20	
			按照任务实施标准判断，1处不合理减2分，重点考核胸部、后躯线条、颈线、腹线、头冠等	25	
		正望图 （10分）	大小、位置适宜，整体比例协调	5	
			按照任务实施标准判断，1处不合理减1分，重点考核正望头冠形状、脚圈角度、双腿是否平行等问题	5	
		后望图 （10分）	大小、位置适宜，整体比例协调	5	
			按照任务实施标准判断，1处不合理减1分，重点考核臀宽与腿长比例、"A"字倾斜程度、双腿是否平行、脚圈角度等问题	5	
		俯视图 （10分）	大小、位置适宜，整体比例协调	5	
			按照任务实施标准判断，1处不合理减1分，重点考核腰线位置，肩、腰、臀宽度关系，左右是否对称等问题	5	
4	素质目标 达成 （10分）	画图完成之后对桌面、地面进行清理，并整理工具，发现不清理卫生减4分			
		检查作业，在老师改正的基础上不超过20遍者减6分			
实际得分／分					
考试时间					
主考教师签字：			学生签字：		

注：此考核表可重复使用。

任务2-1-2　拉姆装修剪实施单

姓名：		组别：		
实施步骤	**操作标准与结果描述**			**备注 （主要遇到的困难）**
1. 模特犬结构 检查	模特犬结构分析：			
2. 电剪剃剪 剃剪时间 （　　）min 注：15min 内完成	安装电剪刀头	（　　）号刀头		
	剃剪面部与前胸 "V领"	内眼角间倒"V"不超过（　　）		
		"V领"范围：		
	剃剪尾根	尾根剃剪位置：		
		尾根前端剃剪：		
	剃剪脚部	剃至（　　），不可多剃	是□否□	
	剃剪干净，界线清晰、笔直		是□否□	
3. 粗胚修剪 修剪时间 （　　）min	修剪脚圈	前肢前后侧修剪（　　）°， 其余部位（　　）。		
	修剪股线与背线 确定体高	股线（　　）°，背线修剪至体长后（　　）		
	修剪后肢后侧上 1/3与前胸确定体长	后肢后侧上1/3起始位置（　　） 前胸最饱满处位置（　　） 胸部最低点（　　）		
	侧望调整被毛长度，使模特犬身体呈（　　）形			
4. 精修 修剪时间 （　　）min	修剪后躯	臀部宽度为后肢长度的（　　）		
		后肢后侧：　侧望中间1/3起始与终点：		
		后肢外侧呈（　　）形		
		后肢内侧与外侧平行	是□否□	
	修剪前躯	前胸饱满圆润，留毛长度合适	是□否□	
		前肢前侧位置：		
		肩部最宽位置：		
		前肢内侧与外侧平行	是□否□	
	修剪中躯	侧望前肢后侧与后肢前侧起始 位置正确，使前躯、中躯、后躯 水平距离近似相等	是□否□	
		腹线（　　）。		
		腰部最深处位置（　　）		
	修剪 头颈部	头冠修剪呈（　　）形		
		颈部延长线与后肢前侧关系：		
		耳朵修剪呈（　　）。		
	修剪尾球	修剪成（　　）形，高度不超过（　　）		
	进一步精修，整体修剪圆润、比例匀称		是□否□	
5. 修剪后的处理	卫生清理	是□否□	犬妥善安置	是□否□

任务2-1-2 拉姆装修剪考核单

序号	内容		评分标准	分值/分	得分/分
1	任务准备 （6分）		贵宾犬立体分割模型图绘制正确	3	
			修剪前贵宾犬基础护理过关，工具准备齐全	5	
2	结构检查（3分）		修剪之前已对贵宾犬进行结构判断	3	
3	工具的使用 （6分）		保定架使用正确	3	
			剪刀运剪及排梳使用正确	3	
4	修剪 过程 （50分）	电剪 修剪 （9分）	面部剃剪正确，剃剪完成	5	
			尾根剃剪正确，剃剪完成	2	
			脚部剃剪正确，剃剪完成	2	
			注：电剪部分超过15min总成绩减15分		
		直剪 修剪 （41分）	脚圈修剪正确，修剪完成	2	
			股线与背线修剪正确，修剪完成	3	
			后躯修剪正确，修剪完成	8	
			前躯修剪正确，修剪完成	8	
			中躯修剪正确，修剪完成	8	
			头颈部修剪正确，修剪完成	10	
			尾球修剪正确，修剪完成	2	
			修剪部分超过2h 15min总成绩减15分		
5	修剪效果 （25分）		修剪整体比例正确	15	
			修剪平整度高	10	
6	素质目标 达成 （10分）		爱护工具：工具掉落减5分，掉2次及以上取消考核资格		
			环境清理：考核后卫生不达标减2分		
			爱护宠物，安全防护：注意安全剪的使用，宠物轻微剃伤减3分，受伤严重停止修剪，取消考核资格		
实际得分/分					
考试时间					
主考教师签字：			学生签字：		

注：此考核表可重复使用。

任务 2-2　比熊犬宠物装修剪实施单

姓名:		组别:		
实施步骤		操作标准与结果描述		备注 （主要遇到的困难）
1. 模特犬结构检查	模特犬结构分析:			
2. 粗胚修剪 修剪时间 （　　）min	修剪脚圈	后肢后侧脚圈（　　）°，其余部位（　　）°		
	修剪尾根	距离尾根大约（　　）cm 处剪短尾巴被毛		
	修剪股线与背线确定体高	股线倾斜角度（　　）° 背线修剪水平至（　　）处		
	修剪后肢后侧与前胸确定体长	坐骨至膝关节（　　）°修剪		
		喉结至胸骨（　　）修剪		
	修剪肩部	肩宽 与臀宽关系:		
	修剪中躯	腰部弧度（　　）°，腹线倾斜（　　）°		
		腹线修剪后侧望从肘部至肩胛骨上缘与至地面垂直距离相等	是□否□	
	修剪调整被毛长度	体长、体高、背长比例为（　　）		
3. 精修 修剪时间 （　　）min	精修前躯	圆柱体，修剪圆润	是□否□	
		前胸去角包圆	是□否□	
	精修中躯	肩宽（　　）臀宽（　　）腰宽		
		腰部不过分明显	是□否□	
	精修后躯	坐骨向下倾斜约（　　）°		
		（　　）°从膝窝修剪至飞节		
		坐骨至膝窝与膝窝至飞节（　　）		
		两腿平行，修剪圆润，与脚圈相接	是□否□	
		后肢内外侧相互平行	是□否□	
		臀部修剪圆润 饱满	是□否□	
	精修头颈部	做好颈部与头部、背线连接	是□否□	
		眼周修剪成（　　）形	是□否□	
		头部外轮廓精修以（　　）为中心修圆，耳朵包裹其中	是□否□	
		确定点位，分出头部与颈部	是□否□	
		唇线剃剪位置与宽度:		
		连接头颈部，颈部修剪（　　）°		
4. 修剪后的处理	卫生清理	是□否□	犬妥善安置	是□否□

任务 2-2 比熊犬宠物装修剪考核单

序号	内容	评分标准	分值 / 分	得分 / 分
1	任务准备 （9分）	准确画出比熊犬正望、后望、侧望、俯视造型图	5	
		修剪前比熊犬基础护理过关，工具准备齐全	4	
2	结构检查 （5分）	修剪之前已对比熊犬进行结构判断	5	
3	工具的使用 （6分）	保定架使用正确	3	
		剪刀运剪及排梳使用正确	3	
4	修剪过程 （35分）	后躯修剪正确，修剪完成	8	
		中躯修剪正确，修剪完成	6	
		前躯修剪正确，修剪完成	6	
		头颈部修剪正确，修剪完成	10	
		在规定时间内完成	5	
5	修剪效果 （35分）	修剪比例正确	10	
		修剪平整度高	12	
		包圆面修剪到位，体现出比熊犬圆润的特点	13	
6	素质目标 达成 （10分）	爱护工具：工具掉落减5分，掉2次取消考核资格		
		环境清理：考核后卫生不达标减2分		
		爱护宠物，安全防护：注意安全剪的使用，宠物轻微剃伤减3分，受伤严重停止修剪，取消考核资格		
实际得分 / 分				
考试时间				
主考教师签字：		学生签字：		

注：此考核表可重复使用。

任务 2-3　雪纳瑞犬宠物装修剪实施单

姓名：			组别：

实施步骤	操作标准与结果描述		备注 （主要遇到的困难）
1. 模特犬结构 检查	模特犬结构分析：		
2. 电剪剃剪 剃剪时间 （　　）min	安装电剪刀头	剃剪后肢内侧与耳朵，安装（　　）号刀头	
		剃剪其他部位，安装（　　）号刀头	
	剃剪身躯	后背是否留"鬃毛"　是□否□	
		后背剃剪位置（　　）□顺毛□逆毛	
		前肢侧面剃剪位置（　　）□顺毛□逆毛	
		后肢侧面剃剪位置（　　）□顺毛□逆毛	
		后肢内侧剃剪位置（　　）□顺毛□逆毛	
		前胸剃剪位置（　　）□顺毛□逆毛	
		后肢后望剃成（　　）形	
	剃剪头部	是否留头顶被毛　是□否□	
		剃剪范围：	
		耳朵　界限清晰，剃剪干净　是□否□	
		选择（　　）号刀头剃剪	
3. 剪刀修剪 修剪时间 （　　）min	修剪前躯	"裙边"饰毛修剪整齐　是□否□	
		脚圈角度（　　）°	
		前肢修剪呈（　　）形	
		衔接好肘关节上方剃剪部位　是□否□	

实施步骤	操作标准与结果描述			备注 （主要遇到的困难）
3. 剪刀修剪 修剪时间 （　　）min	修剪中躯	身体侧面"裙边"饰毛修剪整齐	是□否□	
	修剪后躯	脚圈角度（　　）。		
		后肢前侧修剪自然，体现膝关节弧度	是□否□	
		后肢外侧顺毛梳，修剪多余杂毛	是□否□	
		飞节与地面（　　），（　　）。连接脚圈		
		后肢后侧脚圈（　　）。		
		后肢内侧与外侧平行	是□否□	
	修剪头部	剃剪与修剪衔接处修剪干净	是□否□	
		两内眼角之间的杂毛剪掉	是□否□	
		嘴圈上弧未剪缺	是□否□	
		嘴圈下颌角度比上颌大，体现出"微笑"弧度	是□否□	
		额段倾斜角度（　　）。		
		侧望额段弧度饱满	是□否□	
		侧望头顶最高点位置（　　）		
		唇按照本身弧度，不过度修剪	是□否□	
		精修嘴圈、头部杂毛，头部造型精致	是□否□	
4. 修剪后 处理	卫生清理		是□否□	犬妥善安置　是□否□

任务 2-3 雪纳瑞犬宠物装修剪考核单

姓名：					组别：		
序号	内容			评分标准		分值/分	得分/分
1	任务准备（6分）			准确画出侧望、后望、前胸剃剪界线图		4	
				修剪前雪纳瑞犬基础护理过关，工具准备齐全		2	
2	结构检查（3分）			修剪之前已对雪纳瑞犬进行结构判断		3	
3	工具的使用（6分）			保定架使用正确		1	
				剪刀运剪及排梳使用正确		2	
				电剪使用正确，能够运用正确的刀头型号剃剪对应部位		3	
4	修剪过程（55分）	电剪剃剪（30分）	身躯	后背剃剪正确，剃剪完成		4	
				身体侧面剃剪正确，剃剪完成		7	
				前胸剃剪正确，剃剪完成		6	
			头部	面部剃剪正确，剃剪完成		7	
				耳朵剃剪正确，剃剪完成		6	
		剪刀修剪（25分）	前躯、后驱	前躯修剪正确，修剪完成		5	
				脚圈修剪正确，修剪完成		2	
				后躯修剪正确，修剪完成		6	
			头部	嘴圈修剪正确，修剪完成		6	
				头顶修剪正确，修剪完成		6	
5	修剪效果（20分）			雪纳瑞整体造型可爱、美观，符合其身材比例		5	
				电剪剃剪界线位置正确		5	
				电剪与手剪处过渡自然		2	
				整体修剪整齐、圆润		8	
6	素质目标达成（10分）		爱护工具：工具掉落减5分，掉2次取消考核资格				
			环境清理：考核后卫生不达标减2分				
			爱护宠物，安全防护：注意安全剪的使用，宠物轻微剃伤减3分，受伤严重停止修剪，取消考核资格				
实际得分/分							
考试时间							
主考教师签字：				学生签字：			

注：此考核表可重复使用。

任务 2-4 博美犬俊介装修剪实施单

姓名：		组别：			
实施步骤	**操作标准与结果描述**				**备注** （主要遇到的困难）
1. 模特犬结构 检查	模特犬结构分析：				
2. 电剪剃剪 剃剪时间 （　　）min	安装电剪刀头	（　　）号刀头			
	剃剪身躯	背部从（　　）剃至（　　）			
		前胸剃剪起始位置：			
		身体侧面 与腹部	界限清晰，方法正确	是□否□	
			顺毛流方向剃剪	是□否□	
			注意乳头和皮肤薄的位置	是□否□	
		肩颈部剃剪界限：			
		头部与腿部自然分出界线		是□否□	
	四肢剃剪	前肢剃剪界线：			
		后肢剃剪界线：			
3. 剪刀修剪 修剪时间 （　　）min	修剪四肢	足部修剪成（　　）状			
		后肢修剪成（　　）状			
		前肢修剪整齐，做好衔接		是□否□	
	修剪臀部	修剪饱满、圆润		是□否□	
	修剪头部	修剪耳朵轮廓用捏住耳根，防止减伤 耳朵		是□否□	
		修剪耳朵内外侧刀柄与耳片平行，小 心修剪		是□否□	
		耳朵修剪呈（　　）形			
		内眼角杂毛修剪干净，方法正确		是□否□	
		头外部轮廓修剪呈（　　）形			
		头部修剪浑圆、可爱，左右两侧对称		是□否□	
	修剪尾巴	修剪呈（　　）形			
4. 修剪后的 处理	卫生清理	是□否□	犬妥善 安置	是□否□	

任务 2-4　博美犬俊介装修剪考核单

序号	内容	评分标准				分值/分	得分/分
1	任务准备 （8分）	正确画出博美犬正望、后望、侧望、俯视效果图和肩颈部与四肢剃剪示意图				5	
		修剪前博美犬基础护理过关，工具准备齐全				3	
2	结构检查 （3分）	修剪之前已对博美犬进行结构判断				3	
3	工具的使用 （9分）	保定杆的使用正确				2	
		剪刀运剪及排梳使用正确				2	
		电剪使用正确，能够运用正确的刀头型号剃剪对应的部位				5	
4	修剪过程 （40分）	电剪剃剪 （15）	身躯	背部剃剪正确，剃剪完成		3	
				前胸剃剪正确，剃剪完成		3	
				身体侧面与腹部剃剪正确，剃剪完成		3	
				肩颈部剃剪正确，剃剪完成		3	
			四肢	前肢、后肢剃剪正确，剃剪完成		3	
		剪刀修剪 （25分）	四肢	四肢修剪形状正确且对称，修剪圆润		5	
			臀部	臀部修剪圆润，圆弧过渡顺畅		3	
			头部	耳朵修剪正确，修剪完成		5	
				眼睛修剪正确，修剪完成		2	
				头外部轮廓修剪正确，修剪完成		5	
			尾巴	尾巴修剪正确，修剪完成		5	
5	修剪效果 （30分）	修剪比例正确				5	
		修剪平整度高				10	
		身体修剪得干净、清爽、易于打理				10	
		头部修剪圆润、对称、甜美				5	
6	素质目标达成 （10分）	爱护工具：工具掉落1次减5分，掉2次取消考核资格					
		环境清理：考核后卫生不达标减2分					
		爱护宠物，安全防护：注意安全剪的使用，宠物轻微剃伤1次减3分，受伤严重停止修剪，取消考核资格					
实际得分/分							
考试时间							
主考教师签字：				学生签字：			

注：此考核表可重复使用。

任务 2-5　约克夏㹴犬宠物装修剪实施单

姓名：	组别：	

实施步骤	操作标准与结果描述				备注 （主要遇到的困难）
1. 模特犬结构 检查	模特犬结构分析：				
2. 电剪剃剪 剃剪时间 （　　）min	安装电剪刀头	（　　）号刀头			
	剃剪身躯	背部从（　　）剃至（　　）			
		背部顺毛流方向剃剪		是□否□	
		前胸剃剪起始位置：			
		身体侧面 与腹部	界限清晰，方法正确	是□否□	
			顺毛流方向剃剪	是□否□	
			注意乳头和皮肤薄的位置	是□否□	
		肩颈部剃剪界限：			
	剃剪 四肢	前肢剃剪界线：			
		后肢剃剪界线：			
3. 剪刀修剪 修剪时间 （　　）min	修剪 脚圈	前脚脚圈修剪（　　）。			
		后脚脚圈修剪（　　）。，飞节至地面（　　）。			
	修剪身躯及 四肢	将杂毛修顺，做好剃剪处衔接		是□否□	
4. 头部造型 造型时间 （　　）min	扎辫子	范围：（　　　　　）			
		界线分清		是□否□	
		辫子松紧适宜		是□否□	
		遮挡眼睛的杂毛修剪干净		是□否□	
	修剪 嘴圈	下颌留毛（　　）mm			
		嘴圈宽度≥外眼角		是□否□	
		修剪呈（　　）形			
		修剪上颌唇毛，修出唇线		是□否□	
5. 修剪后的 处理	卫生清理	是□否□	犬妥善安置		是□否□

任务 2-5　约克夏㹴犬宠物装修剪考核单

序号	内容		评分标准	分值/分	得分/分
1	任务准备 （8分）		正确画出长毛犬头部扎辫子造型图与长毛犬头部包毛造型图	3	
			修剪前约克夏㹴犬基础护理过关，工具准备齐全	5	
2	结构检查（3分）		修剪之前已对约克夏㹴犬进行结构判断	3	
3	工具的使用 （6分）		保定架使用正确	2	
			剪刀运剪及排梳使用正确	2	
			电剪使用正确，能够运用正确的刀头型号剃剪对应的部位	2	
4	修剪 过程 （38分）	电剪 剃剪 （14分）	后背剃剪正确，剃剪完成	3	
			身体侧面与腹部剃剪正确，剃剪完成	3	
			前胸剃剪正确，剃剪完成	3	
			肩颈部剃剪正确，剃剪完成	3	
			四肢剃剪正确，剃剪完成	2	
		剪刀 修剪 （12分）	脚圈修剪正确，修剪完成	2	
			身体修剪正确，修剪完成	3	
			四肢修剪正确，修剪完成	2	
			嘴圈修剪正确，修剪完成	5	
		扎辫子 （12分）	界限分清	5	
			灵活固定皮筋，不伤犬被毛，不弄疼犬	7	
5	修剪效果 （30分）		整体修剪美观、能够体现约克夏㹴犬种特点	15	
			电剪与剪刀修剪过渡自然，界线位置正确	3	
			修剪平整、圆润	5	
			辫子俏皮可爱、松紧适宜	7	
6	素质目标 达成 （15分）		爱护工具：工具掉落减5分，掉2次取消考核资格		
			环境清理：考核后卫生不达标减2分		
			爱护宠物，安全防护：注意安全剪的使用，宠物轻微剃伤减3分，受伤严重停止修剪，取消考核资格		
			用美观的蝴蝶结、小发卡等饰品装饰加5分		
实际得分/分					
考试时间					
主考教师签字：			学生签字：		

注：此考核表可重复使用。

任务 2-6 贝灵顿㹴犬宠物装修剪实施单

姓名：		组别：		
实施步骤		**结果描述**		**备注 （主要遇到的困难）**
1. 模特犬结构 检查		模特犬结构分析：		
2. 电剪 剃剪 剃剪时间 （　　）min	安装电剪刀头	（　　　　　）号刀头		
	剃剪尾巴	逆毛剃掉尾巴的（　　　　　）		
	剃剪耳朵	剃剪形状与界线：		
	剃剪面部	剃剪范围：		
		下颌被毛剃剪干净	是□否□	
	剃剪前胸	剃剪范围：		
		正望剃呈（　　　　　）形		
3. 剪刀 修剪 修剪时间 （　　）min	修剪身躯和 四肢	脚部修圆，脚尖处剪短	是□否□	
		尾根前侧至肚脐上方的背部倾斜（　　　）°修剪，背线修剪呈（　　　）形，侧望高度（　　）>（　　）>（　　）		
		臀部被毛尽量剪短	是□否□	
		臀部至飞节之间有平缓弓曲	是□否□	
		后肢前侧线条自然，有平缓弓曲	是□否□	
		后肢内外侧相互平行	是□否□	
		身体侧面修剪不突出腰部线条	是□否□	
		腹线向上倾斜，线条自然	是□否□	
		前肢修剪呈（　　　）形		
		侧望肘部到肩胛骨上缘与到地面距离相等	是□否□	
		修剪前胸与地面（　　　）		
	修剪头部	衔接面部剃剪位置	是□否□	
		头盖骨和口鼻部的宽度相等	是□否□	
		耳根前侧上方为最高点	是□否□	
		眼部周围修剪干净，正望看不见眼睛	是□否□	
		"流苏"耳边缘向前拉长度不超过（　　　）		
	修剪颈部	肩部粗壮，向头部逐渐变细，凸显颈部力量感	是□否□	
	修剪尾巴	修剪呈（　　　）形		
4. 修剪后的 处理	卫生清理	是□否□	犬妥善安置	是□否□

任务 2-6　贝灵顿㹴犬宠物装修剪考核单

序号	内容	评分标准			分值 / 分	得分 / 分
1	任务准备（8分）	正确画出贝灵顿㹴犬侧望造型图			5	
		修剪前贝灵顿㹴犬基础护理过关，工具准备齐全			3	
2	结构检查（3分）	修剪之前已对贝灵顿梗犬进行结构判断			3	
3	工具的使用（9分）	保定杆的使用正确			2	
		剪刀运剪及排梳使用正确			2	
		电剪使用正确，用正确的刀头型号剃剪对应部位			5	
4	修剪过程（50分）	电剪剃剪（17分）	尾巴剃剪正确，剃剪完成		2	
			耳朵剃剪正确，剃剪完成		5	
			面部剃剪正确，剃剪完成		5	
			前胸剃剪正确，剃剪完成		5	
		剪刀修剪（33分）	身躯和四肢	脚圈修剪正确，修剪完成	2	
				背线修剪正确，修剪完成	4	
				后肢修剪正确，修剪完成	4	
				身体侧面修剪正确，修剪完成	5	
				前肢修剪正确，修剪完成	4	
				前胸修剪正确，修剪完成	3	
			头部	面部修剪正确，修剪完成	2	
				眼部周围修剪正确，修剪完成	2	
				耳朵修剪正确，修剪完成	3	
			颈部	颈部修剪正确，修剪完成	2	
			尾巴	尾巴修剪正确，修剪完成	2	
5	修剪效果（20分）	电剪与直剪分界清晰			4	
		修剪平整度高			8	
		整体形象符合贝灵顿㹴犬品种标准			8	
6	素质目标达成（10分）	爱护工具：工具掉落减5分，掉2次取消考核资格				
		环境清理：考核后卫生不达标减2分				
		爱护宠物，安全防护：注意安全剪的使用，宠物轻微剃伤减3分，受伤严重停止修剪，取消考核资格				
实际得分 / 分						
考试时间						
主考教师签字：			学生签字：			

注：此考核表可重复使用。

任务 2-7　柯基犬宠物装修剪实施单

姓名：			组别：		

实施步骤	操作标准与结果描述			备注 （主要遇到的困难）
1. 修剪后躯	修剪臀部	圆润、平整，体现出臀部有活力	是□否□	
	修剪后肢	修剪平整，无杂毛，曲线明显	是□否□	
2. 修剪中躯	修剪圆润，做好中躯两端的过渡衔接		是□否□	
3. 修剪前躯	修剪前胸	修剪平整，圆润	是□否□	
		做好前胸至肩、颈过渡	是□否□	
	修剪前肢	杂毛修剪干净	是□否□	
4. 修剪头部	头部，眼周，耳朵杂毛修剪干净		是□否□	
修剪时间（　　）min				
5. 修剪后的处理	卫生清理	是□否□	犬妥善安置	是□否□

任务 2-7 柯基犬宠物装修剪考核单

序号	内容	评分标准	分值 / 分	得分 / 分
1	任务准备 （10分）	总结两个品系柯基犬品种标准的异同点	4	
		修剪前柯基犬基础护理过关，工具准备齐全	6	
2	工具的使用 （6分）	保定架使用正确	2	
		剪刀运剪及排梳使用正确	4	
3	修剪 过程 （39分）	后躯修剪正确，修剪完成	15	
		中躯修剪正确，修剪完成	8	
		前躯修剪正确，修剪完成	7	
		头部修剪正确，修剪完成	4	
		在规定时间内完成	5	
4	修剪效果 （35分）	整体修剪平整、圆润，体现出柯基犬宠物装的活泼可爱	20	
		臀部修剪能够体现出品种特点	10	
		在规定时间内完成	5	
5	素质目标 达成 （10分）	爱护工具：工具掉落减3分，掉2次取消考核资格		
		环境清理：考核后卫生不达标减2分		
		爱护宠物，安全防护：注意安全剪的使用，宠物轻微剃伤减3分，受伤严重停止修剪，取消考核资格		
		对柯基犬臀部造型修剪融入创意，比如心形等，加2分		
实际得分 / 分				
考试时间				
主考教师签字：			学生签字：	

注：此考核表可重复使用。

任务 3-1 创意染色实施单

姓名：		组别：	
选择染色种类	分层染色□	渐变染色□	

实施步骤	操作标准与结果描述			备注 （主要遇到的困难）
1. 设计造型	画创意染色造型设计与颜色搭配图			
2. 确定染色部位，修剪轮廓	染色部位：			
	按照设计图形轮廓与大小将周围被毛剪短，突出图形大致轮廓		是□否□	
3. 分区	分区使用的工具：			
	染色区域和非染色区域分开，非染色区域未被污染		是□否□	
4. 调色	会使用染色颜色对比卡进行调色		是□否□	
	能够按照设计的颜色进行调色，基本没有色彩偏差		是□否□	
5. 染色 染色时间 （　　）min	（1）上色	染色均匀	是□否□	
	（2）调色，逐渐完成颜色渐变	上色均匀	是□否□	
		若需渐变，过渡自然，颜色有渐变层次	是□否□	
		是否加入媒介膏	是□否□	
6. 包裹固定	松紧适中	是□否□　与非染色区域分隔开	是□否□	
7. 静置着色	是否使用吹风机加热		是□否□	
	静置时间（　　）min			
8. 冲洗吹干	将染色部位彻底冲洗干净		是□否□	
	冲洗时防止污染非染色区域方法（　　　　）			
9. 精修雕刻 时间 （　　）min	进一步按照设计将染色部位进行修饰，突出创意染色造型			
10. 染色后的处理	卫生清理　是□否□　犬妥善安置　是□否□　整理工具			是□否□

任务 3-1　创意染色考核单

序号	内容	评分标准	分值/分	得分/分
1	任务准备（15分）	正确画出十二色相环图	5	
		染色工具与用品准备齐全	5	
		检查宠物身上是否有外伤、试敏	5	
2	染色部位的造型设计（10分）	颜色搭配合理，造型设计有创意、有寓意	5	
		能够根据犬的自身条件做出合理的设计	5	
3	染色过程（30分）	染色部位与非染色部位分区清晰，非染色部位不被污染	5	
		会使用调色卡进行调色，调色与设计颜色一致	5	
		染色均匀，被毛无遗漏	5	
		包裹固定力度适中，染色膏停留时间合理	5	
		染色后彻底冲洗干净	5	
		染色部位进行精修雕刻，凸显染色效果	5	
4	染色效果（35分）	染色效果与设计图相符，上色良好，几乎无色差	10	
		染色与非染色部位边界清晰，染色后造型精修雕刻立体、精致	15	
		造型适合宠物	10	
5	素质目标达成（10分）	完成之后对环境卫生进行清理，并整理工具，卫生清理不及时减5分		
		在染色过程中随意浪费工具与染料减5分		
实际得分/分				
考试时间				
主考教师签字：		学生签字：		

注：此考核表可重复使用。

任务 3-2 萌宠装创意头型设计与修剪实施单

姓名：		组别：		

实施步骤	操作标准与结果描述			备注（主要遇到的困难）
1. 模特犬头部条件判定	适合小圆头修剪		是□否□	
2. 梳理被毛	将头部被毛按照（　　）方向梳			
	口吻被毛梳理呈（　　）状			
3. 修剪口吻上部	两内眼角杂毛修剪干净	是□否□		
	观察模特犬眼睛大小，修剪口吻上方，露出眼睛的（　　）			
4. 修剪正面圆形轮廓	正望修剪由正方形轮廓去角包圆呈圆形		是□否□	
	正面圆形轮廓圆润、对称		是□否□	
	侧望头部两侧垂直深度在（　　）			
5. 修剪侧脸及下颌被毛	抬起耳朵修剪侧脸，侧望侧脸为弧形		是□否□	
6. 修剪额段被毛	倾斜（　　）°修剪眼睛上方			
	额段被毛修剪饱满圆润		是□否□	
7. 修剪耳朵	沿耳朵位置分出耳朵与头部界限		是□否□	
	耳朵下端修剪呈（　　）形			
	耳朵留毛　　□长□短			
8. 精修	整体修剪圆润、比例匀称		是□否□	
修剪时间（　　）min				
9. 修剪后的处理	卫生清理	是□否□	犬妥善安置　是□否□	

任务 3-2　萌宠装创意头型设计与修剪考核单

序号	内容	评分标准	分值 / 分	得分 / 分
1	任务准备 （5分）	修剪前犬基础护理过关，头部被毛拉直，工具准备齐全	3	
		画出萌宠装头部设计图，画图清晰，有正望、侧望等细节，设计图美观和谐	2	
2	头部修剪条件判断 （5分）	造型设计前判断犬的头部结构、眼睛大小及耳位高低	5	
3	工具的使用 （7分）	美容剪的运剪正确	3	
		排梳使用正确，梳毛方向正确	4	
4	修剪过程 （38分）	口吻上方修剪正确，修剪完成	6	
		正望圆形轮廓修剪正确，修剪完成	6	
		侧望侧脸及下巴修剪正确，修剪完成	6	
		额段被毛修剪正确，修剪完成	6	
		耳位修剪正确，修剪完成	6	
		耳朵长短合适，形状美观	5	
		在规定时间内完成	3	
5	修剪效果 （35分）	造型美观、可爱	5	
		与设计图适配度高	5	
		符合模特犬特点，较好展示模特犬优点	7	
		整体圆润、整齐，精修包圆程度高	9	
		有效利用修剪技术规避模特犬被毛、结构等缺陷	9	
6	素质目标达成 （10分）	爱护工具：工具掉落1次减5分，掉2次取消考核资格		
		环境清理：考核后卫生不达标减2分		
		爱护宠物，安全防护：注意安全剪的使用，宠物轻微受伤减3分，受伤严重停止修剪，取消考核资格		
实际得分 / 分				
考试时间				

主考教师签字：　　　　　　　　　　　　　学生签字：

注：此考核表可重复使用。

任务 4-1 宠物围巾的制作实施单

姓名：		组别：		
实施步骤	操作标准与结果描述			备注 （主要遇到的困难）
1. 测量颈围 尺寸	颈围（　　）cm	两侧耳根宽度（　　）cm		
	下颌至两腿之间高度（　　）cm			
	测量位置准确	是□否□		
	尺寸预留：方法正确，做出预留	是□否□		
2. 绘制板型	依据测量数据进行板型绘制	是□否□		
	图纸裁剪正确	是□否□		
3. 裁剪布料	表布放大 1cm 缝份	是□否□		
	裁剪表布（　　）个			
	包边条宽度（　　）cm			
	包边条 1 的长度为（　　　　　）			
	包边条 2 的长度为（　　　　　）			
4. 缝制围巾	缝制表布	表布（　　）面向内贴合对齐缝合，留出（　　）cm 返口		
		口处翻出正面抻平，延距离四周边缘（　　）cm 处压一圈明线		
		能够熟练使用缝纫机，缝制线条流畅	是□否□	
	缝制包边条	包边条 1 正面与围巾下弧线对齐贴合，反面朝外	是□否□	
		包边条 1 在围巾两侧留出的宽度一致	是□否□	
		包边条 2 对折包裹围巾上端	是□否□	
		包边条 2 距离边缘（　　）cm 缝制		
		包边条 2 两侧留出来的长短一致	是□否□	
5. 围巾装饰	选择饰品装饰	是□否□		
	饰品与围巾主题搭配	是□否□		
	宠物围巾展示照片			
6. 操作后的 处理	卫生 清理	是□ 否□	宠物妥善安置　　是□ 否□　　工具和 材料归位	是□否□

任务 4-1 宠物围巾的制作考核单

序号	内容	评分标准		分值 / 分	得分 / 分
1	任务准备（5分）	制作工具准备齐全		5	
2	尺寸测量（10分）	数据测量准确，颈围留有 2cm 空余		10	
3	制作过程（35分）	工具的使用	测量尺的使用	2	
			水消画笔的使用	2	
			裁剪剪刀的使用	2	
			缝纫机的使用	4	
		无卡线、剪废情况		7	
		根据宠物大小进行材料的选择与裁剪		8	
		无论是机缝或手缝，制作过程顺利，无遗漏重要步骤，导致返工的情况		10	
4	制作效果（40分）	围巾设计合理，大小合适		10	
		裁剪和缝制等操作细致准确，缝制整齐无多余线头		15	
		制作美观，适合宠物		15	
5	素质目标达成（10分）	制作过程中小组间相互配合，发现没有全员参与，只有固定 1~2 人操作减 3 分			
		操作完成整理工具、清理卫生，不清理或不合格减 2 分			
		珍惜布料、针线等材料，随意浪费减 2 分			
		围巾设计有积极向上的寓意、体现传统文化元素与创新特色加 3 分			
实际得分 / 分					
考试时间					
主考教师签字：			学生签字：		

注：此考核表可重复使用。

任务 4-2 宠物领结的制作实施单

姓名：		组别：	

实施步骤	结果描述		备注 （主要遇到的困难）
1. 测量宠物 颈围	颈围（　　）cm		
	测量位置准确	是□否□	
	尺寸预留：方法正确，做出预留	是□否□	
2. 绘制领结尺寸 板型	领结长度与宽度合适	是□否□	
	蝴蝶结长度与宽度合适	是□否□	
	绑带长度与宽度合适	是□否□	
	绘制比例与数据准确	是□否□	
3. 裁剪布料	所有需缝制的部分均放大 1cm 缝份	是□否□	
	领结、蝴蝶结、绑带数量、大小正确	是□否□	
	包边条长度合适	是□否□	
4. 缝制领结	蝴蝶结部分	两块表布正面相合缝制	是□否□	
		缝制预留 1cm 缝份	是□否□	
		留 2cm 返口	是□否□	
		填充棉适量	是□否□	
		缝制后翻出 B 内侧，无缝制痕迹	是□否□	
	领结部分	C、D 的左右两边由正面向反面折（　　）cm		
		C1D1、C2D2 组合正面相对预留（　　）cm 缝份		
		预留出串绳位置	是□否□	
	系带部分	缝份、返口预留正确，正面翻出	是□否□	
		藏针法缝合返口	是□否□	
5. 进行组合	依次穿入，制作平整	是□否□	
领结展示照片			
6. 操作后的处理	卫生 清理	是□ 否□	宠物妥善安置	是□ 否□	工具和 用品归位	是□ 否□

任务 4-2 宠物领结的制作考核单

序号	内容	评分标准		分值/分	得分/分
1	任务准备（5分）	制作工具准备齐全		5	
2	尺寸测量与计算（10分）	数据测量准确，颈围留有 2cm 空余		4	
		能根据所测颈围测量数据判断领结大小，会绘制尺寸板型		6	
3	制作过程（35分）	工具的使用	水消画笔的使用	2	
			裁剪剪刀的使用	3	
			手缝针的使用	3	
			缝纫机的使用	5	
		布料裁剪按照板型准确、流畅		5	
		所有步骤缝份、返口预留均准确		4	
		填充棉适量		3	
		藏针法使用准确		3	
		缝合按板型轮廓正确缝制完成，线条流畅		7	
4	制作效果（40分）	领结设计合理，大小合适		10	
		裁剪和缝制等操作细致准确，缝制整齐无多余线头		15	
		制作美观，适合宠物		15	
5	素质目标达成（10分）	制作过程中小组间相互配合，发现没有全员参与，只有固定 1~2 人操作减 3 分			
		操作完成整理工具、清理卫生，不清理或不合格减 2 分			
		珍惜布料、针线等材料，随意浪费减 2 分			
		领结设计有积极向上的寓意、体现传统文化元素与创新特色加 3 分			
实际得分/分					
考试时间					
主考教师签字：			学生签字：		

注：此考核表可重复使用。

任务 4-3 宠物马甲的制作实施单

姓名：		组别：		备注 （主要遇到的困难）
实施步骤		**操作标准与结果描述**		
1. 测量宠物体尺		颈围（　　）cm，胸围（　　）cm，背长（　　）cm		
2. 绘制后片板型		背长平均分成（　　）份，每份（　　）cm		
		胸围线长度（　　）cm		
		侧缝线位置（　　　　　）		
		后背宽线起始位置（　　　　　）		
		后领围宽（　　）cm，后领围深（　　）cm		
		肩线（　　）cm		
		后袖笼弧线连接正确	是□否□	
		下摆弧形连接正确	是□否□	
3. 绘制前片板型		前片胸围线长度（　　）cm		
		前中心线长度（　　）cm		
		前领围宽（　　）cm，前领围深（　　）cm		
		前片肩线与后片肩线长度相等	是□否□	
		前胸宽线长度（　　）cm		
		前袖笼弧线连接正确	是□否□	
		前片侧缝线与后片侧缝线长度相等	是□否□	
		下摆连接正确	是□否□	
4. 制作马甲	裁剪布料	布片形状及尺寸正确，裁剪方法正确	是□否□	
		肩线、侧缝线预留（　　）cm 裁剪		
	缝制肩线	马甲反面朝外，缝制整齐、对称	是□否□	
		预留（　　）cm 缝份		
	缝制领口	马甲正面朝外，包边条折叠正确，缝制走线整齐	是□否□	
		包边条布料边缘包裹良好，不露多余布和线头	是□否□	
	缝制袖笼	包边条折叠正确，缝制走线整齐	是□否□	
		包边条布料边缘包裹良好，不露多余布和线头	是□否□	
	缝制侧缝线	马甲反面朝外，前后片侧缝线对齐	是□否□	
		（　　）cm 缝份缝制		
	缝制下摆	马甲正面朝外，包边条缝制美观	是□否□	
	装饰	烫画完整印于马甲上	是□否□	
5. 缝制后的处理	卫生清理	是□否□	宠物妥善安置 是□否□	工具、机器、材料归位 是□否□

任务 4-3　宠物马甲的制作考核单

序号	内容		评分标准	分值 / 分	得分 / 分
1	任务准备（8分）		正确画出并标记宠物服装制板各部位名称	2	
			缝制前缝纫机的穿线过关，工具准备齐全	3	
			体尺测量操作准确，数据记录详细	3	
2	布料选择与烫画（2分）		操作之前结合设计选择颜色、材质、图案搭配的布料与烫画	2	
3	工具的使用（5分）		裁布时裁布剪的使用	1	
			缝纫机的使用	3	
			操作过程中有无工具掉落	1	
4	缝制过程（40分）	裁剪过程（20分）	马甲的前片板型绘制正确，裁剪正确，裁剪完成	7	
			马甲的后片板型绘制正确，裁剪正确，裁剪完成	7	
			包边条长度裁剪正确，裁剪完成	6	
		缝制过程（20分）	领口缝合正确，缝合完成	6	
			袖笼缝合正确，缝合完成	8	
			下摆缝合正确，缝合完成	4	
			肩线、侧缝线预留缝份正确，缝合完成	2	
5	缝制效果（35分）		马甲款式、颜色适合宠物	12	
			马甲大小、比例合适	13	
			缝制平整、干净，无多余线头	10	
6	素质目标达成（10分）		制作过程中小组间相互配合，发现没有全员参与，只有固定1~2人操作减3分		
			操作完成整理工具、清理卫生，不清理或不合格减3分		
			珍惜布料、针线等材料，随意浪费减2分		
			马甲设计有积极向上的寓意、体现传统文化元素与创新特色加2分		
实际得分 / 分					
考试时间					
主考教师签字：			学生签字：		

注：此考核表可重复使用。